工厂化育苗
（山东锦鸿生态科技有限公司　供图）

智慧渔业苗种繁育中心
（山东锦鸿生态科技有限公司　供图）

罗非鱼养殖池
（高春　供图）

草鱼出血病——皮下肌肉出血
（王雪鹏　供图）

鲤鱼疱疹病毒病——肠道出血
（王雪鹏　供图）

细菌性烂鳃病——烂鳃
（王雪鹏　供图）

细菌性败血症——腹水
（王雪鹏 供图）

九江头槽绦虫病——绦虫
（王雪鹏 供图）

鱼鲺病——鲺
（王雪鹏 供图）

养殖塘人工投喂
（冯蕾 供图）

养殖塘泼洒消毒剂
（冯蕾 供图）

涂滩养鱼拉网
（张炳良 拍摄）

养殖塘起鱼
（张炳良 拍摄）

本书荣获"第三届金盾版优秀畅销书奖"

池塘养鱼与鱼病防治
（第3版）

主 编

宋憬愚 高 春

副主编

王雪鹏 孙 瑛

编 著

陈红菊 于兰萍 王灿良

赵 峰 闫现广

金盾出版社

内 容 提 要

本书自 2000 年出版以来，已印刷 20 次，发行量超过 18 万册，荣获"第三届金盾版优秀畅销书奖"。时至今日，我国淡水养殖已发生巨大变化，为满足广大读者需求，此次修订增加了新兴优质淡水养殖品种；更新了水产养殖食用动物中的兽药和饲料政策禁令、生产技术规范、疾病防治等内容；重新手绘墨线图，突出了养殖品种的动态特征和生活习性。新版图书能够更好地帮助读者了解池塘养鱼发展趋势，快速掌握科学养殖新技术，以达到提质增效的目的。

图书在版编目（CIP）数据

池塘养鱼与鱼病防治 / 宋憬愚，高春主编． -- 3 版． -- 北京：金盾出版社，2025.6． -- ISBN 978-7-5186-1811-8

Ⅰ．S964.3；S943.1

中国国家版本馆 CIP 数据核字第 2024WA4106 号

池塘养鱼与鱼病防治（第 3 版）
CHITANG YANGYU YU YUBING FANGZHI

宋憬愚　高　春　主编

出版发行：金盾出版社	开　本：710mm×1000mm　1/16
地　　址：北京市丰台区晓月中路 29 号	印　张：10.25
邮政编码：100165	字　数：168 千字
电　　话：(010) 68276683	版　次：2025 年 6 月第 3 版
(010) 68214039	印　次：2025 年 6 月第 21 次印刷
印刷装订：北京印刷集团有限责任公司	印　数：188001～190000 册
经　　销：新华书店	定　价：39.00 元

（凡购买金盾出版社的图书，如有缺页、倒页、脱页者，本社发行部负责调换）

版权所有　侵权必究

第3版前言

《池塘养鱼与鱼病防治》最早成稿于1997年4月，当时我正作为青年教师在一家水产养殖企业实践锻炼。在与养殖户的深入接触过程中，切身感受到他们因缺乏养殖技术对获得知识的渴望，随后就利用业余时间总结出一些常用的养鱼知识和基本养殖技术，共46千字，印成小册子推广，结果大受欢迎。之后逐步补充完善，于2000年在金盾出版社正式出版发行，荣获"第三届金盾版优秀畅销书奖"，并在2008年出版修订版，发行量超过18万册。

近年来，我国水产养殖业的发展进入快车道，养殖技术持续提升，养殖品种不断更新。为适应新时代的发展需要，应出版社邀请，本人在《池塘养鱼与鱼病防治》第1版和修订版的基础上，用一年的时间重新进行审核修改。为保证书稿质量，邀请到山东农业大学水产系的同事加盟，同时还特别邀请山东省肥城市原水产站站长、水产养殖高级工程师高春参与编写。高春常年工作在淡水养殖第一线，有着丰富的生产实践经验，提供的素材为第3版的内容增色不少。

《池塘养鱼与鱼病防治》（第3版）本着密切结合淡水养殖业生产，服务行业发展需要的原则，从3个方面进行了修订与完善。一是在继续保持上版通俗易懂特色的基础上，进一步凝练内容，补充新的淡水养殖技术和养鱼方法。为让读者快速直观地掌握相关知识，作者重新手绘了32幅墨线图，以突出养殖品种的动态特征和生活习性。二是结合淡水养殖形势发展，补充更新了养殖品种，特别是特种水产动物的池塘养殖，由原来的12种增加到20种，更新原则是优选养殖前景较好的淡水新品种。三是结合国家政策和我国淡水养殖新形势，对鱼病防治一章做了较大调整，增加了食用水产动物中的兽药和饲料政策禁令以及生产技术规范等内容。

  本书虽然经过两次修订，仍难免有疏漏和不足，敬请广大读者和同仁批评指正。

宋憬愚

2024 年 9 月

目 录

第一章 池塘常见养殖鱼类 /1

一、鲢鱼 …………………………………………………… 1
二、鳙鱼 …………………………………………………… 2
三、草鱼 …………………………………………………… 3
四、青鱼 …………………………………………………… 4
五、鲤鱼 …………………………………………………… 5
六、鲫鱼 …………………………………………………… 6
七、鲮鱼 …………………………………………………… 7
八、团头鲂 ………………………………………………… 8
九、三角鲂 ………………………………………………… 8
十、鳊鱼 …………………………………………………… 9
十一、细鳞鲴 ……………………………………………… 10
十二、罗非鱼 ……………………………………………… 11

第二章 池塘养鱼环境 /13

一、水温 …………………………………………………… 13
二、水质 …………………………………………………… 14
　（一）池塘水质分析 …………………………………… 14
　（二）改善池塘水质应注意的问题 …………………… 20

1

第三章 池塘养殖鱼类的人工繁殖 /22

一、鲤鱼的人工繁殖 ⋯⋯⋯⋯⋯⋯⋯⋯⋯⋯⋯⋯⋯⋯⋯⋯⋯⋯ 22
 （一）亲鱼的选择 ⋯⋯⋯⋯⋯⋯⋯⋯⋯⋯⋯⋯⋯⋯⋯⋯⋯ 22
 （二）亲鱼的培育 ⋯⋯⋯⋯⋯⋯⋯⋯⋯⋯⋯⋯⋯⋯⋯⋯⋯ 23
 （三）产卵前的准备工作 ⋯⋯⋯⋯⋯⋯⋯⋯⋯⋯⋯⋯⋯⋯ 24
 （四）产卵 ⋯⋯⋯⋯⋯⋯⋯⋯⋯⋯⋯⋯⋯⋯⋯⋯⋯⋯⋯⋯ 25
 （五）孵化 ⋯⋯⋯⋯⋯⋯⋯⋯⋯⋯⋯⋯⋯⋯⋯⋯⋯⋯⋯⋯ 26
二、鲫鱼的人工繁殖 ⋯⋯⋯⋯⋯⋯⋯⋯⋯⋯⋯⋯⋯⋯⋯⋯⋯⋯ 27
三、团头鲂的人工繁殖 ⋯⋯⋯⋯⋯⋯⋯⋯⋯⋯⋯⋯⋯⋯⋯⋯⋯ 28
 （一）亲鱼的选择 ⋯⋯⋯⋯⋯⋯⋯⋯⋯⋯⋯⋯⋯⋯⋯⋯⋯ 28
 （二）亲鱼的培育 ⋯⋯⋯⋯⋯⋯⋯⋯⋯⋯⋯⋯⋯⋯⋯⋯⋯ 29
 （三）产卵 ⋯⋯⋯⋯⋯⋯⋯⋯⋯⋯⋯⋯⋯⋯⋯⋯⋯⋯⋯⋯ 29
 （四）孵化 ⋯⋯⋯⋯⋯⋯⋯⋯⋯⋯⋯⋯⋯⋯⋯⋯⋯⋯⋯⋯ 30
四、尼罗罗非鱼的人工繁殖 ⋯⋯⋯⋯⋯⋯⋯⋯⋯⋯⋯⋯⋯⋯⋯ 30
 （一）繁殖习性 ⋯⋯⋯⋯⋯⋯⋯⋯⋯⋯⋯⋯⋯⋯⋯⋯⋯⋯ 31
 （二）亲鱼的培育 ⋯⋯⋯⋯⋯⋯⋯⋯⋯⋯⋯⋯⋯⋯⋯⋯⋯ 31
 （三）孵化与哺育 ⋯⋯⋯⋯⋯⋯⋯⋯⋯⋯⋯⋯⋯⋯⋯⋯⋯ 31
 （四）苗种的培育 ⋯⋯⋯⋯⋯⋯⋯⋯⋯⋯⋯⋯⋯⋯⋯⋯⋯ 32

第四章 池塘养殖鱼类苗种的培育 /33

一、鱼苗的培育 ⋯⋯⋯⋯⋯⋯⋯⋯⋯⋯⋯⋯⋯⋯⋯⋯⋯⋯⋯⋯ 33
 （一）鱼苗购买 ⋯⋯⋯⋯⋯⋯⋯⋯⋯⋯⋯⋯⋯⋯⋯⋯⋯⋯ 33
 （二）鱼苗池选择与清整 ⋯⋯⋯⋯⋯⋯⋯⋯⋯⋯⋯⋯⋯⋯ 34
 （三）鱼苗放养 ⋯⋯⋯⋯⋯⋯⋯⋯⋯⋯⋯⋯⋯⋯⋯⋯⋯⋯ 35
 （四）鱼苗、鱼种的食性与生长特点 ⋯⋯⋯⋯⋯⋯⋯⋯⋯ 36
 （五）饲养方法 ⋯⋯⋯⋯⋯⋯⋯⋯⋯⋯⋯⋯⋯⋯⋯⋯⋯⋯ 37
 （六）日常管理 ⋯⋯⋯⋯⋯⋯⋯⋯⋯⋯⋯⋯⋯⋯⋯⋯⋯⋯ 38

（七）拉网锻炼 ··· 39
　二、鱼种的培育 ·· 40
　　（一）夏花放养前的准备工作 ·································· 40
　　（二）夏花放养 ··· 41
　　（三）饲养方法 ··· 41
　　（四）池塘管理 ··· 42

第五章　商品鱼的池塘饲养技术 /43

　一、池塘及池水 ·· 44
　　（一）位置 ··· 44
　　（二）面积 ··· 44
　　（三）水深 ··· 44
　　（四）池形 ··· 44
　　（五）渠道 ··· 44
　二、鱼种 ··· 45
　　（一）鱼种特点 ··· 45
　　（二）鱼种规格 ··· 46
　　（三）鱼种来源 ··· 46
　　（四）鱼种放养 ··· 47
　三、混养 ··· 48
　四、密养 ··· 50
　　（一）池塘条件 ··· 50
　　（二）饵料与肥料供应情况 ····································· 50
　　（三）鱼的种类与规格 ·· 50
　　（四）养殖模式 ··· 50
　　（五）饲养管理水平 ··· 50
　五、轮捕轮放 ··· 51
　　（一）轮捕轮放的对象和时间 ·································· 51
　　（二）轮捕轮放的方法 ·· 51

3

（三）轮捕轮放的注意事项 …………………………… 52
六、施肥投饵 …………………………………………………… 52
　（一）池塘施肥 ……………………………………………… 52
　（二）养鱼投饵 ……………………………………………… 53
七、防病措施 …………………………………………………… 54
　（一）做好池塘清整工作 …………………………………… 54
　（二）鱼种入塘前要进行消毒处理 ………………………… 54
　（三）把好饵料质量关 ……………………………………… 54
　（四）改良水质 ……………………………………………… 54
　（五）注意日常操作 ………………………………………… 55
　（六）搞好发病季节的防病工作 …………………………… 55
八、池塘管理 …………………………………………………… 55
　（一）池塘管理的基本内容 ………………………………… 55
　（二）防止浮头和泛池 ……………………………………… 56
　（三）增氧机的种类及使用方法 …………………………… 58
　（四）综合经营，提高池塘养鱼效益 ……………………… 59

第六章　特种水产动物的池塘养殖 /60

一、中华鳖 ……………………………………………………… 60
　（一）生活习性 ……………………………………………… 61
　（二）养殖技术 ……………………………………………… 61
　（三）鳖病防治 ……………………………………………… 62
二、河蟹 ………………………………………………………… 63
　（一）生活习性 ……………………………………………… 63
　（二）养殖技术 ……………………………………………… 64
　（三）蟹病防治 ……………………………………………… 65
三、罗氏沼虾 …………………………………………………… 65
　（一）生活习性 ……………………………………………… 66
　（二）养殖技术 ……………………………………………… 66

目 录

  （三）虾病防治 ······ 66

四、青虾 ······ 67
  （一）生活习性 ······ 67
  （二）养殖技术 ······ 68

五、南美白对虾 ······ 69
  （一）生活习性 ······ 70
  （二）养殖技术 ······ 70

六、小龙虾 ······ 72
  （一）生活习性 ······ 72
  （二）养殖技术 ······ 73

七、黄鳝 ······ 75
  （一）生活习性 ······ 75
  （二）养殖技术 ······ 76

八、泥鳅 ······ 78
  （一）生活习性 ······ 78
  （二）养殖技术 ······ 79

九、鳜鱼 ······ 81
  （一）生活习性 ······ 81
  （二）养殖技术 ······ 82

十、乌鳢 ······ 84
  （一）生活习性 ······ 84
  （二）养殖技术 ······ 85

十一、革胡子鲇 ······ 87
  （一）生活习性 ······ 87
  （二）养殖技术 ······ 88

十二、斑点叉尾鮰 ······ 89
  （一）生活习性 ······ 89
  （二）养殖技术 ······ 90

十三、黄颡鱼 ······ 92
  （一）生活习性 ······ 92

（二）养殖技术 ………………………………………………… 93
十四、大口黑鲈 ……………………………………………………… 94
　　　（一）生活习性 ………………………………………………… 94
　　　（二）养殖技术 ………………………………………………… 95
十五、墨瑞鳕 ………………………………………………………… 96
　　　（一）生活习性 ………………………………………………… 96
　　　（二）养殖技术 ………………………………………………… 97
十六、匙吻鲟 ………………………………………………………… 98
　　　（一）生活习性 ………………………………………………… 98
　　　（二）养殖技术 ………………………………………………… 99
十七、翘嘴红鲌 ……………………………………………………… 101
　　　（一）生活习性 ………………………………………………… 101
　　　（二）养殖技术 ………………………………………………… 102
十八、南方大口鲇 …………………………………………………… 103
　　　（一）生活习性 ………………………………………………… 104
　　　（二）养殖技术 ………………………………………………… 104
十九、长吻鮠 ………………………………………………………… 107
　　　（一）生活习性 ………………………………………………… 107
　　　（二）养殖技术 ………………………………………………… 108
二十、圆田螺 ………………………………………………………… 109
　　　（一）生活习性 ………………………………………………… 109
　　　（二）养殖技术 ………………………………………………… 110

第七章　鱼病防治 /112

一、鱼类患病原因 …………………………………………………… 112
　　　（一）自然因素 ………………………………………………… 112
　　　（二）营养因素 ………………………………………………… 112
　　　（三）人为因素 ………………………………………………… 112
　　　（四）生物因素 ………………………………………………… 112

二、鱼病诊断方法 ·· 113
（一）了解发病情况 ································ 113
（二）进行鱼体检查 ································ 113
三、鱼病预防 ·· 116
（一）鱼池放养前必须清塘 ······················ 117
（二）鱼种入塘前药物浸洗 ······················ 117
（三）悬吊药物消毒 ································ 118
（四）喂服预防药物 ································ 118
四、药物防治鱼病的注意事项 ····················· 118
（一）及早用药 ······································ 118
（二）准确用药 ······································ 118
（三）注意禁忌 ······································ 119
（四）注意剂型 ······································ 119
（五）药物的选择 ··································· 119
五、常见鱼病的防治 ···································· 126
（一）传染性鱼病 ··································· 126
（二）寄生性鱼病 ··································· 132
（三）其他类疾病 ··································· 141

参考文献 /145

第一章

池塘常见养殖鱼类

我国有 800 多种淡水鱼，其中具有重要经济价值的有 50 余种，而常见的池塘养殖鱼类不过 20 多种。近年来，我国渔业科技工作者从国外引进了不少淡水鱼养殖良种，有些已得到普遍推广，成为常见的养殖鱼类。

一、鲢鱼

鲢鱼（图 1-1）又名白鲢、鲢子等，自然分布于我国东部各大水系，是我国特产的经济鱼类，与鳙鱼、草鱼、青鱼并称四大家鱼（简称家鱼），已有 1 000 多年的养殖历史。

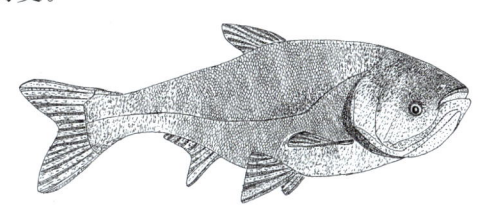

图 1-1 鲢 鱼

鲢鱼体形近纺锤形，左右侧扁而高。体色银白，背部体色稍深，鳍灰色，鳞小而密。腹缘似刀口，称为腹棱，腹棱从胸鳍基部一直延伸至肛门，胸鳍末端不超过腹鳍基部。鲢鱼的鳃耙非常特殊，又长又密，且左右相连，呈海绵状，这样的鳃耙能滤食水中的浮游生物和其他细小的有机颗粒。由于水中浮游植物的数量远大于浮游动物，所以其食物中浮游植物占更大比例。我们常说，鲢鱼滤食浮游植物，或干脆说鲢鱼吃肥水，道理就在这里。因此，鲢鱼的生长速度与水的肥度（水中浮游生物和有机颗粒的数量）有很大关系。

通常情况下，2龄鱼体长可达40厘米，体重达1千克以上。

鲢鱼喜欢在水的中上层活动，性情活泼，非常善跳，在拉网时受到刺激，往往能跃出水面1米多高。雄鱼3龄、雌鱼4龄开始性成熟，亲鱼怀卵量40万～80万粒，产漂流性卵。每年4～6月（水温18℃以上）为繁殖期，繁殖场选在水流湍急的江河上游，卵子产出后吸水膨胀，直径由1.3毫米左右增至5毫米左右，随水漂流。刚孵出的仔鱼全长5～6毫米，靠卵黄囊提供营养。几天后，发育到8～10毫米，能够水平游泳，开始吞食小型浮游动物和有机颗粒，生长过程中鳃耙变密，转而滤食浮游生物。

鲢鱼是大中型鱼类，最大个体可达25千克。

鲢鱼生长快，病害少，易起捕，是非常重要的淡水养殖对象。更因其食性特殊，是池塘养鱼中控制水体肥度，提高养鱼产量不可替代的鱼类。但鲢鱼肉质稍差，耐低氧能力也不强。另外，由于缺乏足够的水流刺激，同其他家鱼一样，在池塘中饲养的鲢鱼虽然性腺发育良好，却不能自然繁殖。

二、鳙 鱼

鳙鱼（图1-2）又名花鲢、胖头鱼等，分布于我国东部各大河流及附属水体。鳙鱼为我国特产经济鱼类，在我国已有1 000多年的养殖历史。

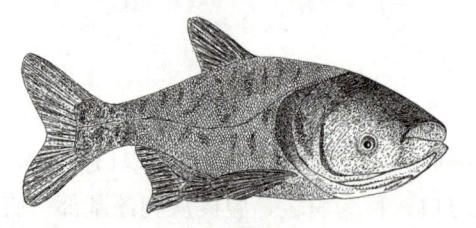

图1-2 鳙 鱼

鳙鱼的鳞细小，外形很像鲢鱼，但头相对较大，腹棱只从腹鳍基部延伸至肛门，胸鳍末端超过腹鳍基部。体色比鲢鱼深，口更大，鳃耙又长又密；与鲢鱼不同的是，它的鳃耙不呈海绵状，且比鲢鱼的稀疏，对较小的浮游植物滤食效果差，往往是边吃边漏，留下来的很少，而对个体较大的浮游动物，则能很好地过滤下来吃掉。所以，鳙鱼是以浮游动物为主要食物的鱼类。另外，鳙鱼头大口大，滤水量大于鲢鱼，在自然条件下生长速度较鲢鱼快些。

鳙鱼喜活动于水的中上层，较鲢鱼偏下，性情温和，不喜跳跃。通常4～5龄开始性成熟，亲鱼怀卵量为80万～120万粒，产卵时间和地点同鲢鱼相近，也产漂流性卵。但卵子稍大，直径约1.8毫米，吸水后可达6毫米，在漂流中孵化。仔鱼孵出几天后开始吞食小型浮游动物。鳙鱼最大个体可达50千克。

鳙鱼的养殖特点是生长快，病害少，易起捕，其肉质和耐低氧能力要好于鲢鱼。但在池塘中饲养，由于浮游动物数量远少于浮游植物，所以鳙鱼的生长速度往往不及鲢鱼。

三、草　鱼

草鱼（图1-3）俗称鲩等，自然分布于我国东部各大水系，是我国特产经济鱼类，在我国已有1000多年的养殖历史。

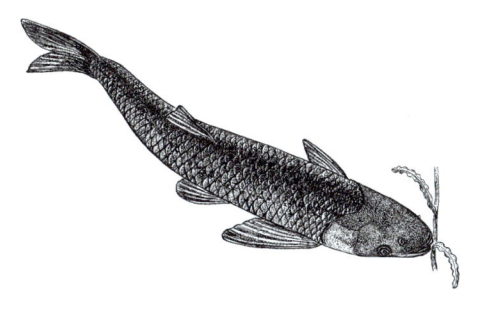

图1-3　草　鱼

草鱼体形为长筒形，腹圆，无腹棱，尾部侧扁，吻（上唇至眼前部分）较宽钝，无须，上颌略长于下颌。体茶黄色，腹部白色，鳞片大，每个鳞片都有黑边，使全身呈现网纹状花格。草鱼口不大，鳃耙较稀，以水草为食，是典型的草食性鱼类，每日摄食量约占体重的40%，对人工投喂的粮食类饵料也能很好地抢食，生长较快。一般2龄鱼体长达60厘米，重3.5千克以上。

草鱼通常活动于水体中下层，摄食时会到上层来。草鱼游泳快，性活泼，善跳跃。通常4龄性成熟，亲鱼怀卵量在40万~100万粒，繁殖习性同鲢鱼相近，产漂流性卵。受精卵直径约1.5毫米，吸水后可达5毫米。仔鱼以小型浮游动物为食，全长达到3厘米时，开始吞食鲜嫩的水草，随着其生长发育，食性逐渐接近成鱼。草鱼最大个体可达35千克。

草鱼肉质好，市场价格高，加上它生长快，易起捕，主要以草类为食，养殖成本低，所以是池塘养殖极为重要的鱼类。但草鱼耐肥水能力差，易患病死亡，解决草鱼的病害问题是淡水养殖的一个重要课题。

四、青　鱼

青鱼（图1-4）又名乌青、青鲩、螺蛳青，是我国特产经济鱼类，主要分布于长江及其以南地区，华北、东北地区较少。

图1-4　青　鱼

青鱼外形极像草鱼，不熟悉的人很难将它们分清。但仔细观察就会发现，青鱼吻部较尖，体色深，除腹部为灰色外，其他各处和鳍都是青黑色或灰黑色。青鱼以底栖的螺类、蚌类为食，也吃虾类和水生昆虫。它有发达的咽齿，呈臼齿状，能把蚌螺类坚硬的外壳压碎。在食物充足的情况下，生长很快，一般2龄鱼可长到3千克以上，3龄鱼可超过7.5千克。

青鱼虽是肉食性鱼类，但性情温和，常活动于水体的中下层，很少到水面上来。青鱼性成熟年龄差异较大，一般为4~7龄，亲鱼怀卵量100万~200万粒，繁殖习性同鲢鱼相近，产漂流性卵，直径1.7毫米左右，吸水后可达6毫米。仔鱼以小型浮游动物和有机物颗粒为食，随着个体的长大，转向取食细小的蚌螺类，食性逐渐接近成鱼。青鱼最大个体可达70千克。

青鱼体形同草鱼很相似，肉质也很好，生长快，但它以螺类为食，在很多地区螺蛳很少，加上 2 龄鱼病害较多，从而限制了青鱼的推广养殖。但池塘中放养少量青鱼以控制蚌螺类和消灭水生昆虫还是很好的。

五、鲤　鱼

鲤鱼（图 1-5）又名鲤拐子，我国大部分地区都有分布，是目前产量最高的淡水鱼类，在我国有 3 000 多年的养殖历史。

图 1-5　鲤　鱼

鲤鱼背部灰黑色，腹部色浅，口部有 2 对须，有些品种尾鳍下叶、臀鳍为橘红色。鲤鱼属杂食性鱼类，在自然条件下主要吃摇蚊幼虫、蚌螺类等底栖动物，也吃植物种子和有机物碎屑，食物随季节的变化而变化。在人工养殖条件下，鲤鱼能很好地抢食各种粮食类饵料。

鲤鱼生活于水体底层，它的口伸出后呈管状，经常挖掘底泥，在池塘中往往会掘出大小不一、深达几厘米的坑窝。因此，在养鲤鱼较多的池塘，池水常呈浑浊状态。鲤鱼生长慢于四大家鱼，2 龄性成熟，亲鱼怀卵量 30 万～70 万粒，每年 4～5 月于近岸边的水草上产卵，有时也会在石块或树根上产卵。卵呈橙黄色或淡黄色，半透明，直径在 1.6 毫米左右，有很强的黏性，黏附在水草上静静地孵化。仔鱼破膜后继续在水草上附着 1～2 天，随后开始游泳觅食，食物由小型浮游动物逐渐转向杂食。鲤鱼最大个体可达 40 千克。

鲤鱼具有生长快、抗病力强、食性杂、易繁殖等养殖优点。

我国鲤鱼资源丰富，有 20 余个品种，如黄河鲤、杞麓鲤、镜鲤、红鲤等。另外，渔业科技工作者利用杂交育种技术培育了很多新品种，如丰鲤、建鲤、岳鲤、芙蓉鲤、中州鲤等，这些鲤鱼的体形、生长速度、抗病力也很不错。

六、鲫 鱼

鲫鱼（图1-6）又名喜头、鲫瓜子等，是分布最广的养殖鱼类，除西部高原外，遍布全国各地。

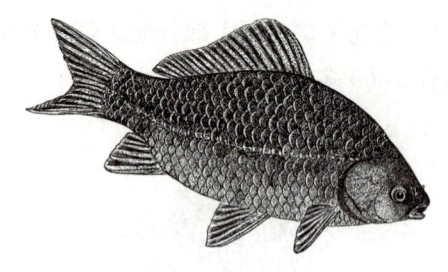

图1-6 鲫 鱼

相对于鲤鱼，鲫鱼体形高短，口部无须，没有橙红色的鳍。鲫鱼是杂食性鱼类，几乎无所不食，同鲤鱼相比，食物中螺类很少，植物成分更多些，对人工投喂的粮食类饵料，也能很好地抢食。鲫鱼生活于水体底层，生长缓慢，但性成熟早，通常1龄可达性成熟，亲鱼怀卵量2万～11万粒，卵子分批产出，产卵期长达3～4个月。在产卵鱼群中，雄鱼仅占20%左右。卵子较鲤鱼卵稍小，同样黏附在水草上孵化。仔鱼以小型浮游动物为食，随身体的长大，逐渐转向杂食。鲫鱼最大可达2千克。

鲫鱼适应性强，分布广，生活在不同水域中的鲫鱼，体形有较大差异。从养殖学的角度，大致可分为低型鲫和高型鲫两种。前者体高为体长的40%以下，后者在40%以上，高型鲫生长快于低型鲫。产于北方的银鲫（图1-7）是鲫鱼的一个亚种，体高为体长的46%左右，生长快，最大个体可达5千克，有很大的推广养殖价值。产于江西省的彭泽鲫，有个体大、生长快、抗病力强、对养殖环境要求不高等优点。中国科学院水生生物研究所培育的异育银鲫，生长速度比银鲫快35%，有广阔的养殖前景。湖南师范大学生命科学学院培育的湘云鲫，生长速度是一般鲫鱼的2～3倍。另外，红鲫鱼、花鲫鱼也很适合池塘养殖，作为观赏鱼出售，经济效益十分可观。

图 1-7　银　鲫

鲫鱼肉质细嫩，味道鲜美，还有一定的药用价值。在养殖上，鲫鱼有适应性强、病害少、食性杂、易繁殖的优点。但鲫鱼生长慢，个体小，这在很大程度上影响了其养殖地位的提高。近年来，银鲫和彭泽鲫等的推广，使这一情况有所改善。

七、鲮　鱼

鲮鱼（图 1-8）又名土鲮、花鲮。在我国珠江流域产量很高，是一种亚热带经济鱼类。

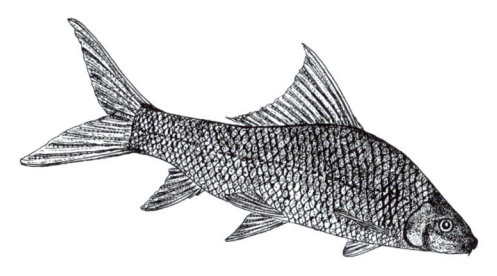

图 1-8　鲮　鱼

鲮鱼体长而略侧扁，背部平圆近弧形，腹部圆而平直，无腹棱，口小、下位，鳃耙细密有 2 对短须，鳃盖后方有菱形黑斑。

鲮鱼生活于水体底层，食性比较特殊，以附生藻类和池底的有机物碎屑为食。生长较慢，通常 1 龄鱼体长 15 厘米、重 70 克左右，2 龄鱼体长 23 厘米、重 250 克左右。鲮鱼一般 3 龄性成熟，体重 500 克左右，产卵场所在河流的中上游。鲮鱼最大可长到 4 千克。

鲮鱼耐低温性差，水温 7℃以下不能生存，只能在南方养殖，以两广地区最多。

八、团头鲂

团头鲂（图1-9）又名武昌鱼、团头鳊等，是我国很有名的淡水鱼类。原产于湖北省梁子湖，是一种地方性鱼类，1972年开始引种到全国各地，目前已成为普遍的养殖鱼类。

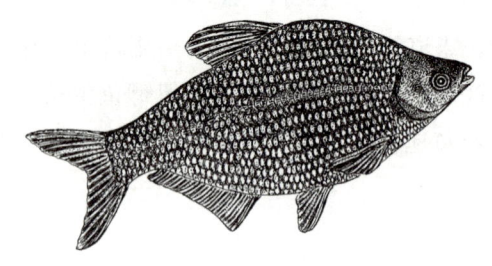

图1-9 团头鲂

团头鲂体形高而侧扁，呈菱形，腹棱从腹鳍基部延伸至肛门。团头鲂是草食性鱼类，但摄食能力和摄食强度较草鱼小得多，其天然食物主要是水草，生长速度不及鲤鱼，但较鲫鱼快。2龄达性成熟，亲鱼怀卵量10万～45万粒，每年5～6月繁殖，卵子呈浅黄绿色，直径1毫米，吸水后为1.3毫米左右，黏附在水草上孵化。团头鲂卵子黏性差，易从水草上脱落下来，沉于水底。刚孵出的仔鱼非常细嫩，全长只有3.5～4毫米，附在水草上3天后才开口摄食，开始以小型浮游动物为食，以后逐渐摄食水草。团头鲂是一种较大型的经济鱼类，最大个体可达4千克。上海海洋大学培育的新品种"浦江二号"生长速度快，耐低氧能力强。

团头鲂肉质细嫩，味道鲜美，自古有名。它以水草为食，养殖成本低，病害少，繁殖简单，在一定程度上可替代草鱼进行养殖。但团头鲂耐低氧能力差，生长慢。

九、三角鲂

三角鲂（图1-10）又名平胸鳊、乌鳊，是我国分布较广的一种经济鱼类。

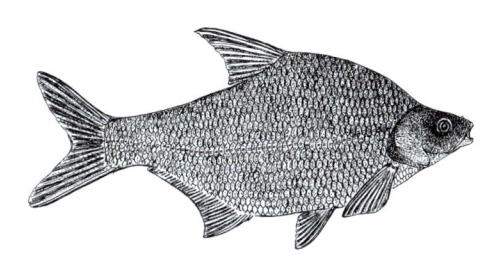

图 1-10 三角鲂

三角鲂杂食，自然状态下摄食水草、植物种子、虾类以及水生昆虫等。生长速度较团头鲂稍快，3龄性成熟，亲鱼怀卵量在18万～47万粒，产卵期同团头鲂，喜在流水处产卵。黑龙江的三角鲂产漂流性卵，长江的三角鲂产黏性卵，卵子黏附于砾石上。幼鱼以浮游动物为食。最大个体可达5千克。

三角鲂在养殖上没有什么特色，它的体形与团头鲂相近，虽有饲养的，多半是将捕捉的野生苗种投入池塘，专门繁殖饲养意义不大。

团头鲂与三角鲂的区别见表1-1。

表 1-1 团头鲂与三角鲂的区别

团头鲂	三角鲂
1. 背鳍硬刺短于头长	1. 背鳍硬刺长于头长
2. 尾柄高大于或等于尾柄长	2. 尾柄高小于或等于尾柄长
3. 体侧鳞片边缘灰黑色，沿各纵行鳞有几条灰白色纵纹	3. 体侧每个鳞片有灰黑色斑，沿各纵行鳞形成灰黑色纵带
4. 胸鳍较短，末端不超过腹鳍基部	4. 胸鳍较长，末端超过腹鳍基部
5. 鳔3室，中室圆大，后室最小	5. 鳔3室，前室长大，后室极小
6. 以草食为主，鳃耙较稀	6. 杂食，鳃耙较密

十、鳊 鱼

鳊鱼（图1-11）又名长春鳊，是我国分布较广的一种经济鱼类。

鳊鱼体形似鲂鱼，但相对较长些，刀口状腹棱从胸鳍至肛门，而鲂鱼腹棱则是从腹鳍至肛门。鳊鱼以水草为食，食物组成和摄食强度同团头鲂相近，但生长速度稍慢于团头鲂，2龄性成熟，每年5～6月产卵，卵子无黏性，为漂流性卵。幼鱼为杂食性，随着身体的长大，逐渐转向摄食水草。长春鳊最大个体可达2千克。

图1-11 鳊鱼

同三角鲂一样，鳊鱼有一定的饲养量，但养殖价值不大。

十一、细鳞鲴

细鳞鲴（图1-12）又名沙姑子、黄板鱼、黄尾刁、黄条等，广泛分布于黑龙江、长江、珠江流域的河流、湖泊和水库中，是我国重要的经济鱼类，但人工养殖历史不长。

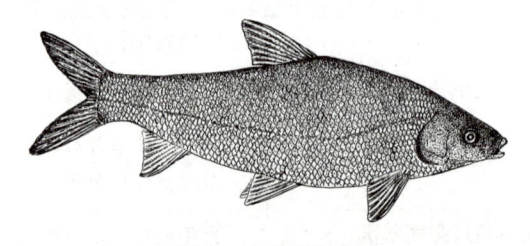

图1-12 细鳞鲴

细鳞鲴体侧扁，刀口状腹棱从腹鳍后端至肛门。头较小，口下位、较小，呈弧形，下颌有角质边缘。背部灰黑色，腹部银白色，背鳍灰色，尾鳍橘黄色，其他各鳍浅黄色。细鳞鲴以底泥中的腐殖质、有机物碎屑和藻类为食，也吃小型底栖动物，如摇蚊幼虫等。生长速度同团头鲂相近，2龄性成熟，怀卵量5万～28万粒，每年5～7月繁殖，产卵于静水环境中，卵直径1毫米左右，具黏性，黏附在石块、杂草或其他漂浮物上，经2～3天孵化成苗。细鳞鲴的最大个体可达2千克。

细鳞鲴适应性强，病害少，特别是食性特殊，能利用其他养殖鱼类不能摄取的池底细小有机物。在池塘中适量混养，在不增加施肥和投喂的条件下，就可很好地生长，因而有相当大的推广养殖价值。在北方，细鳞鲴是替代鲮鱼的池塘养殖鱼类。

十二、罗非鱼

罗非鱼又名越南鱼、吴郭鱼、非洲鲫鱼，原产于非洲，是非洲江河、湖泊中的常见经济鱼类。罗非鱼有 100 多种，有 15 种以上成为养殖对象。1957 年，我国最早引进的是莫桑比克罗非鱼，但目前养殖广泛的是尼罗罗非鱼（图 1-13）以及红罗非鱼等。

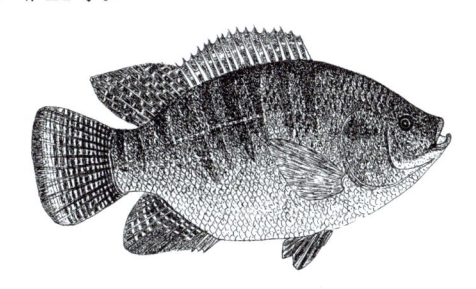

图 1-13 尼罗罗非鱼

尼罗罗非鱼的食性很杂，浮游生物、水生植物、底栖动物、水生昆虫、小鱼、小虾都是它的摄食对象，对人工投喂的饵料抢食能力也很强，生长较快。尼罗罗非鱼没有固定的栖息水层，往往是早晨随水温的升高逐渐游向水的中上层，下午在水表层活动，傍晚水温下降，又移至中下层，夜间静止于水底，很少活动。尼罗罗非鱼性成熟早，在温度适宜的环境中，半年即可达到性成熟。水温 22～32℃时，在池塘或水泥池中可自行配对。雄鱼用口挖出浅盆状的窝，雌鱼在窝中产卵，卵子分批产出。每产一批，雌鱼立即转身将卵吞入口中，同时雄鱼排精，鱼卵在雌鱼口腔中受精孵化。仔鱼孵出后成群活动于水面，雌鱼尾随其后，遇到危险，就将仔鱼吞入口腔中，危险过后，将仔鱼吐出。仔鱼长至 1.5 厘米后，雌鱼停止哺育。

尼罗罗非鱼食性杂，生长快，易繁殖，病害少，对低氧的耐受能力很强，其体形也明显不同于其他常见养殖鱼类。因肉质紧实、味道鲜美、骨刺少而受到养殖户和消费者的欢迎。在池塘中无论是单养还是混养，都有很好的效果。但尼罗罗非鱼同其他罗非鱼一样，耐低温性能差，14℃以下不能生存，在我国大部分地区，不能自然越冬，而拉网又很难捕净，所以尼罗罗非鱼塘每年秋季必须干塘清捕。

第二章 池塘养鱼环境

不同鱼类的生长速度是不一样的,这是由其遗传因素(内因)决定的;同种鱼在不同的生长环境中,生长速度也有很大差异,这是环境(外因)造成的。所谓养鱼,实际上就是改善鱼的生活环境,投喂优质足量的饵料,让鱼健康快速生长。影响鱼类生长的环境因素是多种多样的,但最重要的是水温、水质和饵料。在这里我们主要介绍池塘养鱼中的水温、水质等问题,养鱼饵料将在以后的章节中叙述。

一、水 温

鱼类是变温动物,它们的体温同水温相差不多,水温的高低直接影响鱼类的新陈代谢,从而影响鱼的生存、生长和繁殖。常见淡水养殖鱼类对水温的适应情况见表2-1。

表2-1 常见淡水养殖鱼类对水温的适应情况　　　　　单位:℃

鱼名	生存温度	适宜温度	繁殖适宜温度
家鱼、鲤鱼、鲫鱼、鳊鱼、团头鲂、细鳞鲴	1~38	20~30	22~28
尼罗罗非鱼	16~40	24~32	24~32
虹鳟	0~24	12~18(成鱼) 10(稚鱼)	8~12

通常在适宜的温度范围内,水温升高能加大鱼类的摄食量,促进生长。例如草鱼在水温27~32℃时摄食强度最大,20℃时摄食量显著减少,水温低

于 7℃时，就会停止摄食；鲤鱼在水温 23~29℃时摄食最旺盛，4℃以下基本停食。也正因为如此，鱼类的生长表现出明显的季节性，即春季摄食逐渐加强，夏季摄食旺盛，冬季摄食停止或基本停止。

池塘水温的变化规律同气温基本一致，但变化幅度小，冬季水温高于气温，夏季低于气温。在我国广大地区，特别是北方地区，即使在盛夏，池塘水温也很难超过 30℃，所以对养鱼来讲，池水温度不是太高而是太低了。因此，我们要设法提高水温，促进鱼类生长，特别是在早春与晚秋季节。

池塘养鱼可通过采取以下措施来提高池水温度。

第一，阳光是池水的热源，增加光照可提高水温。因此，池塘应设计为东西走向，周围不种植高大的树木，没有高大的建筑物。

第二，春季应适当降低池塘水位，有利于水温的提高。此时，塘中鱼体小，浅水不会影响它们的摄食活动。以后随季节的变化和鱼体的长大，再逐渐加深水位即可。

第三，如果水源流出的水温度低，流入池塘前应使水经过一段较长的流程，或在贮水池贮存一段时间，可以提高水温。

第四，有条件的地方可利用地下温热泉水或工厂温排水，适时引入温水可极大地提高单位水体的鱼产量。

二、水　质

鱼类终生在水中生活，水质的好坏对鱼类的生长有很大影响，很多池塘之所以获得高产、高效，与水质的管理有很大关系。渔民有一句话："养鱼先养水。"这句话充分说明了养鱼与水质管理的密切关系。池塘是小型水体，水质变化大，加上不断向里面投饵、施肥，鱼类又会产生大量排泄物，所以水质容易变坏，其科学管理问题尤为突出。

（一）池塘水质分析

1. 溶氧　常见的养殖鱼类只能用鳃吸收溶解在水中的氧气。因此，水中溶氧低时，它们即表现为厌食、生长缓慢、浮头，甚至窒息死亡。

不同鱼对溶氧的适应能力是不一样的（表 2-2）。池塘中溶氧过高，对成鱼基本没什么影响，但会使仔幼鱼患气泡病而死亡。在溶氧低于正常要求的情况下，鱼类摄食量减少，呼吸急促，生长缓慢。溶氧量低于 2 毫克/升，常见养殖鱼类表现为轻微浮头；低于 1 毫克/升，则发生严重浮头，如不采取措施，就会发生泛池死亡。

表 2-2　常见养殖鱼类对溶氧的适应情况　　　　　单位：毫克/升

鱼名	正常生长	呼吸受抑制	鱼名	正常生长	呼吸受抑制
鲫鱼	>2	<1	团头鲂	>5.5	<1.7
鲤鱼	>4	<1.5	鲢鱼	>5.5	<1.75
鳙鱼	>4.5	<1.55	虹鳟	>6	<4.3
草鱼	>5	<1.6	尼罗罗非鱼	>1	<0.5
青鱼	>5	<1.6			

池塘溶氧的主要来源是浮游植物的光合作用，其次是流水带入的和从空气溶入的。池塘溶氧的消耗主要是有机物质分解，其次是鱼和其他水生生物的呼吸和逸入空气中。晴天的白天，太阳光照射在池塘上，由于池水表层集中了大量的浮游植物，它们的光合作用可产生大量的氧气，常常达到过饱和而逸入空气中。但到了夜间，光合作用停止，而耗氧因素依然存在，随着时间的推移，池水中的氧气越来越少，至黎明前达到最低值；如果是阴雨天，光合作用弱，白天产生的氧气很少。所以，夜间或阴雨天，池鱼易发生浮头。这就要提前注意，及时观察，发现鱼浮到水面上来，就要设法增氧。

一般养鱼户要具体测量水中的溶氧量较困难，多是根据池塘水色和鱼的活动来了解。

改善池塘溶氧状况，可采用 4 种方法。①保持适当的面积与水深，风吹池水可产生波浪，增加溶氧量，并可防止池塘底层缺氧。②当池水溶氧量过低时，及时引进高溶氧的外源水，如江河水、水库水。③配备增氧机，池塘缺氧时及时开机。④增加池塘光照，保持适量的浮游植物，池水保持绿色。

2. 氨和硫化氢　氨和硫化氢会抑制鱼类生长，甚至引起鱼类死亡，在池塘中应设法清除。氨在低温、酸度大的水中，可转化为对鱼无害的铵，但低温、酸度大对鱼也不利，所以清除氨的办法目前只能是排水。保持池水高溶氧量可很好地防止硫化氢的产生。池水中泼洒微生态制剂也能较好地解决这个问题。

3. 盐度 1 000毫升水中所含溶解盐的克数称为盐度，常用千分比（‰）来表示，也有人将千分比省略，如"淡水的盐度在0.5‰以下"可直接说成"淡水的盐度在0.5以下"。虽然淡水的盐度很低，但所含无机盐的成分却很复杂。

不同鱼类对盐度的适应能力是不一样的。常见养殖鱼类虽都是典型的淡水鱼，但对盐度都有较好的适应性，可在盐度为5‰的水中正常发育。草鱼能在盐度9‰的半咸水河口中生活，当盐度高达12‰时才停止摄食；鲤鱼甚至可在盐度为17‰的水中生活；鲫鱼的适应性更强些；虹鳟、罗非鱼经驯化后，可在盐度30‰以上的海水中生长。所以，池塘养鱼对水的盐度不必太在意，一般无大碍。

4. 酸碱度 水的酸碱度（pH值）对鱼类的生活有直接或间接的影响。常见养殖鱼类对酸碱度都有较强的适应能力，如家鱼生存的pH值范围是4.6～10.2；鲤鱼可生存的pH值范围是4.4～10.4，适宜的pH值范围是7～9，最适范围是7.5～8.5，即在微碱性水中生长最好。长期生活在pH值小于6或大于10的水中，鱼类生长会受到抑制。晴天下午，池水pH值短时间内可达10以上，但对鱼类的影响不大。

一般养鱼户可通过pH试纸来大致了解池塘中水的酸碱度。pH试纸在鱼药店可买到，使用方法也很简单，阅读一下使用说明就会明白。

5. 有机物 池塘中由于不断施肥投饵，其残渣和鱼类排出的粪尿都会产生大量的有机物，这些有机物或悬浮在池水中或沉于池底。它们一方面可分解为无机盐类给浮游植物提供营养，或聚集成较大颗粒被浮游动物、鲢鱼、鳙鱼取食；另一方面它们的分解要消耗大量的氧，使池水缺氧，在缺氧环境中，有机物分解不彻底，形成许多酸性的中间产物，使池水酸化，对养鱼不利。

在养殖上对有机物采取的原则是，既要保持池水中含有一定数量的有机物，但又不能过多。如果池水中有机物含量过多，则要换水；如果有机物含量过少，则要施肥。水中有机物含量的多少可以用多种方法测量出来，但都比较复杂，一般养鱼户很难掌握，养鱼生产上多是根据水体透明度和养鱼经验来判断。池水透明度保持在25～40厘米就较好。

6. 浮游植物 由于池水和淤泥中含有相当数量的有机物，它们分解后为浮游植物提供了丰足的氮、磷、钾等无机盐。在夏秋季节温度适宜的条件下，这些浮游植物得以大量繁殖，数量很多，使池水呈现油绿、黄绿等不同颜色。有经验的渔民可根据水色判断水质的好坏。

浮游植物是一群单细胞的藻类，肉眼看不清，但种类相当多，它们不会游泳或游泳能力很差，往往只能随水漂动。但它们是鲢鱼和浮游动物的重要食物，它们的光合作用是池水溶氧最重要的来源。养殖上要通过施肥的方法使池水保持足量的浮游植物，特别是饲养鲢鱼较多的池塘。但并不是所有的浮游植物都是鲢鱼的良好饵料，有些是鲢鱼难消化利用的。事实上，所有的浮游植物都必须在显微镜下才能看清模样，而在养鱼生产中很难做到用显微镜来观察了解池塘浮游植物的数量和种类，多是靠观察池塘水色及其变化来大致了解浮游植物的情况，从而判断水质好坏。在这方面，我国渔民积累了看水养鱼的宝贵经验。

（1）瘦水。瘦水就是清水。瘦水中的浮游生物数量很少，对鲢鱼生长不利。其特点是水呈浅绿色，透明度可达60~70厘米，水中常长有棉絮样的丝状藻类（主要是水绵、刚毛藻）和各种水草。瘦水养草鱼、团头鲂较好，养鲢鱼、鳙鱼则会生长缓慢，甚至消瘦。

（2）不好的水。不好的水是指水中虽然浮游植物较多，但大多是鲢鱼难以消化的种类，对养鱼不利。在水色上常表现出两种情况：①天热时水面常有暗绿色或黄绿色浮膜；②水呈灰蓝色或蓝绿色，水体浑浊、不太透明。这样的水对养鱼十分不利。

（3）较肥的水。较肥的水是指水中浮游植物不太多，且多是些鲢鱼易消化和较易消化的种类。其特点是，水色为草绿带黄，且水体不太透明。这样的水养鱼效果较好，也不容易缺氧。

（4）肥水。肥水是指水中浮游植物多，且多是鲢鱼易消化吸收的种类。其特点是，水色黄褐或油绿，水体透明度一般在25~40厘米。肥水养鲢鱼、鳙鱼较好，养团头鲂、草鱼效果较差。

（5）水华。水华俗称"扫帚水""乌云水"，是在肥水的基础上进一步发展而形成的。其特点是：水色深，水面上有蓝绿色或绿色的带状、云块状色斑。事实上，水华是水中浮游植物过量繁殖而形成的。在这种水中，鲢鱼、鳙鱼生长较好，但往往是好景不长，遇到天气不正常，水中浮游植物将会大量死亡，使水质突变，水色发黑，继而转清、发臭，成为"臭清水"。这种现象常被养鱼者称为"转水"。遇到水华，应及时冲水，更新池水，改善水质，否则极易引起鱼死亡。

7. 浮游动物 包括原生动物、轮虫、枝角类和桡足类等，它们游泳能力很差，以浮游植物和有机物颗粒为食。浮游动物个体较大，能被多种鱼类（主要是鳙鱼）所食，是优等饵料。但另一方面，它们的呼吸作用要消耗相当量的水中溶氧，对养鱼不利。

浮游动物中的原生动物最小，用肉眼是看不见的，它们是单细胞生物。轮虫虽然是多细胞动物，但一般也不超过 0.5 毫米，将它们连同水一起装入玻璃杯中，对着光源看，也只能看到针尖大小的小白点。枝角类又叫水蚤，俗称"鱼虫""红虫""蜘蛛虫"，多呈红色，近圆形，小的像小米粒，大的像高粱粒，肉眼可见，但看不清细微结构。轮虫和枝角类都以细菌、浮游植物、有机碎屑等为食，在水温适宜的水塘中，只有雌体就可产生后代，是典型的"女儿国"，繁殖速度极快，可使池水转清、呈苍白色或橙红色；但当温度低或食物少时，出现雄体，雌雄交配，产休眠卵，度过不良季节。桡足类个体略小于枝角类，身体为长形，青绿色，俗称"青蹦"。图 2-1 和图 2-2 是枝角类和桡足类放大后的样子。

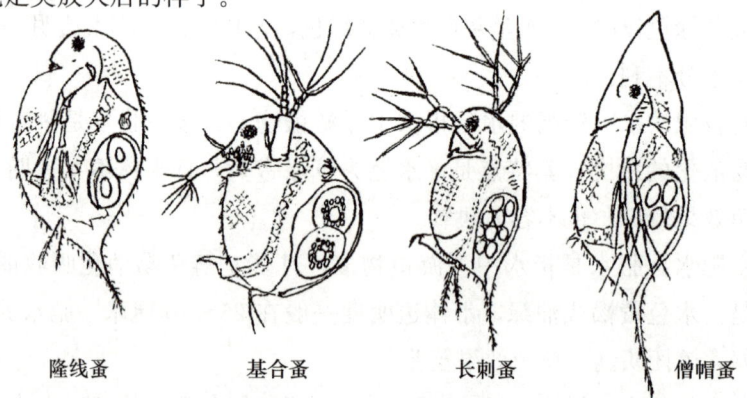

隆线蚤　　基合蚤　　长刺蚤　　僧帽蚤

图 2-1　常见枝角类动物

剑水蚤　　　　　哲水蚤

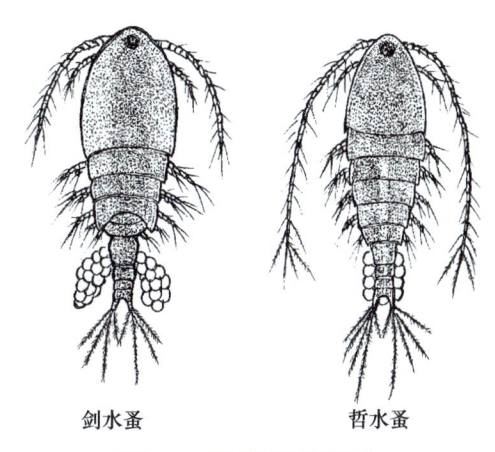

图 2-2　常见桡足类动物

在池塘中，由于饵料丰足，浮游动物的量本应很大，但塘中鱼类众多，摄食压力大，个体较大的枝角类、桡足类数量明显受到抑制，因而池塘中轮虫的数量才是最多的，特别是鳙鱼较少的池塘。这些轮虫对控制池塘水体过肥、防止浮游植物过度繁殖也起了很大作用。但池水中浮游动物过多也会导致浮游植物锐减而影响光合作用，造成池鱼缺氧浮头。

8. 细菌　细菌在池塘中也是相当多的，它们能将有机质分解为无机盐，促进浮游植物的生长，同时它们的聚合体又能被鲢鱼、鳙鱼或浮游动物摄食，所以对水质的影响也是非常显著的。肥度大的池塘细菌多，肥度小的池塘细菌少。

9. 肥度　水产养殖上的一个重要概念，通常是指水体中有机物、浮游植物、浮游动物以及细菌等的含量。如果含量多，则肥度大，称肥水；含量少，则肥度小，称水质不肥或瘦水。由于影响肥度的物质不容易定量分析，但它们基本上都具有遮光性，故常用水体透明度来表示水体的肥度：透明度大则肥度小，透明度小则肥度大。但也有例外，如泥沙悬浮于水中也可降低水的透明度，却不能提高肥度。一般水的透明度可以用长度单位来定量表示。

不同鱼类的耐肥能力不一样，耐肥力强的鱼类适应性强，病害少，耐低氧能力也强，可较大密度地饲养。常见养殖鱼类中，草鱼、团头鲂耐肥能力较差，青鱼稍强，它们都喜欢清瘦的水；鲢鱼、鳙鱼喜欢在浮游生物多的肥水中生活，鳙鱼比鲢鱼更适应肥水；鲤鱼、鲫鱼在常见养殖鱼类中适应肥水的能力最强。

在池塘养鱼中，由于不断地施肥投饵，池水的肥度一般都较大，可通过换水的办法降低水体的肥度。新开挖的池塘，水质往往较瘦，可通过施用有机粪肥的办法来提高水体肥度。

总之，一般池塘养鱼用水的透明度掌握在 25～40 厘米较好。鲢鱼、鳙鱼、鲤鱼和鲫鱼的池塘水质可稍肥些，草鱼、青鱼、团头鲂的池塘水质要瘦些。

10. 底栖动物　是指生活在水底淤泥中的一些小动物，如水蚯蚓、摇蚊幼虫、螺、蚬和一些水生昆虫等。在不同的池塘，其数量不一。它们是杂食性鱼类（如鲤鱼、鲫鱼、三角鲂等）的优良饵料，其中螺、蚬则是青鱼的基本饵料。

（二）改善池塘水质应注意的问题

在养鱼过程中，改善池塘水质是促进鱼类生长，防止鱼类患病的重要措施，其中需要注意以下几点。

1. 水源　选择水量充足、水质良好的河水、湖水、水库水或地下水作水源，定期或不定期地给池塘冲水，严禁引用污染的水源水养鱼。

2. 面积　池塘面积过小，则水质不稳，最好使池塘面积保持在 4 000～6 666 米^2（6～10 亩[*]），但也不要超过 13 340 米^2。池塘面积太大，投饵、拉网、管理不便，也难提高产量。如果是养鱼苗、鱼种，则鱼池面积可小些，一般鱼池 667～2 000 米^2，鱼种池 2 000～3 335 米^2。

3. 水深　一般池塘水深应掌握在 2～2.5 米，这样鱼活动自如，水质也稳定。苗种池的池水要浅些，1～1.5 米深即可。

4. 淤泥　鱼类的残饵、粪便等有机物沉积到池底后，和底泥混合形成淤泥，少量的淤泥可向水中提供部分无机盐，有利于浮游植物生长，使池水保持一定肥度。但淤泥过多，其中有机质分解耗氧量太大，容易使水体缺氧，影响鱼类生长。经验证明：10～15 厘米深的淤泥是适宜的，对于养鲢鱼、鳙

---

[*] 亩为非法定计量单位，1 亩≈667 米^2。

鱼较少的池塘，淤泥还可少些。

5. 饵料与肥料 如果养鱼用的饵料多为精饲料，而施用的肥料为发酵腐熟过的，产生的残渣、废物就少，水质也就不容易过肥，相反则水质很容易变坏。

6. 养鱼方式 池塘中饲养鱼的数量少而种类多，多种鱼类能将池水中的多种天然饵料、人工饵料和残渣充分利用，从而大大改善水质。如果池塘中只养1~2种鱼，水质问题就要严重一些。

第三章 池塘养殖鱼类的人工繁殖

目前，我国常见的养殖鱼类都能进行人工繁殖，但有些鱼类人工繁殖工艺复杂，需要较多的设备和较高的技术，而且只有大规模生产才能降低鱼苗成本，正常经营下去，所以只能在专门繁殖场进行鱼苗生产。这类鱼有鲢鱼、鳙鱼、草鱼、青鱼、鲮鱼等。但也有些常见养殖鱼类人工繁殖工艺相对简单，一般养鱼户只要用心经营，就可进行鱼苗生产，下面就谈谈这类鱼的人工繁殖技术。

一、鲤鱼的人工繁殖

鲤鱼在我国有3 000多年的养殖历史，我们的祖先很早就掌握了鲤鱼的人工繁殖技术。鲤鱼可在池塘中自然产卵繁殖，基本不用采取特别的管理措施。但因个体差异，鲤鱼的产卵时间并不集中，给生产安排带来一定困难，人工繁殖可使它们集中产卵，集中孵化，便于生产安排。

（一）亲鱼的选择

亲鱼的选择和培育是人工繁殖取得成功的基础。鲤鱼亲鱼可以选择自家池塘饲养的，也可收购外界水库、湖泊等大水面野生的。

亲鱼的选择标准如下。

1. 年龄和体重 雌鱼2龄以上，体重1千克以上。雄鱼规格可略小些。

2. 体质与体形 体色鲜艳，鳞片和鳍条完整，无病无伤。体形以体高、背厚、头部较小为好。

3. 血缘关系 最好选择不同品系的雌、雄亲鱼，避免近亲交配，否则会导致优良性状退化。

在生殖季节，雌雄鲤鱼极易鉴别。非生殖季节，从雌雄鱼的外部形态特征，亦不难鉴别（表3-1）。

表3-1 鲤鱼雌雄鉴别要点

性别	体形（同一来源）	胸腹鳍	腹部	生殖孔
雌	背高，体宽，身短，头小	光滑，珠星少或无	大而较软，外观饱满（生殖季节）	较大而突出
雄	体狭长，头较大	生殖季节，胸、腹鳍及鳃盖有较多的珠星	狭小而略硬，成熟时轻挤有精液流出	肛门、生殖孔较小，略向内凹

选留亲鱼时，雌鱼的数量应少于雄鱼，其比例掌握在1∶（1.5～2）为好，若雄鱼体形小，数量还可再多些。

（二）亲鱼的培育

1. 亲鱼池 捕捞鲤鱼亲鱼必须排干池水，因此亲鱼池面积不宜太大，一般以600～2 000米^2、水深1.5米左右为好。宜选择池底淤泥稍厚，腐殖质稍多，排灌方便，向阳背风，管理方便的池塘。每年要求清塘1次。如果是小规模经营，亲鱼池还可再小些。

2. 亲鱼放养 鲤鱼亲鱼最好专池培育，池中可以少量混养鲢鱼、鳙鱼，以便于控制水质。每亩[*]放养鲤鱼的量为100～150千克。放养方式分雌雄分养和混养两种。

当春季水温达17～18℃时，鲤鱼便能自行产卵。为了控制产卵期，使之集中产卵，最好是雌雄分养，待水温适宜时，再合池产卵。如池塘不足，也可直接在产卵池中分养，即用两道拦网（或竹箔）从池塘当中隔开。两道拦网之间的距离为1米以上。如果距离太近或单层拦网，雌亲鱼仍可能在拦网的两边自然产卵，影响正常生产。再就是，分养时，雌雄鱼必须严格分开，

---

[*] 生产实践中，养殖户较多使用单位"亩"，为方便养殖户参考书中内容，"每667米^2"仍保留"每亩"的表达方法。

雌鱼池中切不可混有雄鱼。拦网要高出水面1米，以防止鲤鱼跳出。

当水温适宜时，撤去拦网，使雌、雄亲鱼合池产卵或注射激素人工催产。

如果平时雌雄鱼是混养的，要恰当地掌握产卵时机。当春季水温上升到14～15℃时，就可将亲鱼捕起，按一定的雌雄比例放入产卵池，任其自然产卵或注射激素人工催产。

3. 饲养管理 鲤鱼为杂食性鱼类，喜食底栖动物和人工饵料。鲤鱼常用的饵料有豆饼、花生饼、菜籽饼、蚕蛹、螺、蚬等富含蛋白质的饵料。同时，也要投喂些麸皮、米糠、酒糟等。专用配合饲料也很好。一般每天上、下午各喂1次，每次投喂量以1～2小时内吃完为宜。鲤鱼食量较大，在水温降至5～8℃时仍会觅食。因此，在天气晴好、水温较高的冬日，仍要少量投喂。

鲤鱼喜食各种昆虫、水蚯蚓等动物性饵料，这些饵料营养价值高，有利于性腺的发育。为增加动物性饵料，晚上可在亲鱼池上设置诱蛾灯或黑光灯，以诱使小飞虫掉入水中，供鲤鱼吞食。

鲤鱼耐肥水的能力较强，必要时可适当施肥，培育天然饵料（主要是培育底栖动物和大型浮游动物等）。同时，在培育过程中适时加注新水，改良水质。在越冬前，鱼池要灌满水。北方的冬季，要及时清扫冰上的积雪，以利于水中浮游植物的光合作用，增加溶氧，使亲鱼安全越冬。

（三）产卵前的准备工作

鲤鱼通常在每年的4月开始产卵（华北地区），产卵水温在16℃以上，以20℃左右最集中，产卵期长达2个月。但在整个产卵期内只产卵1次，少数产卵2次。鲤鱼产卵一般在黎明前后进行。

在鲤鱼产卵期到来前，应做好以下几方面的准备工作。

1. 准备产卵池 产卵池面积以150～667米^{2}为宜，水深为1米左右。池塘要求注排水方便，向阳，背风。亲鱼放养前7～10天清塘消毒，并清除过多的淤泥。也可用水泥池作鲤鱼产卵池，效果很好。

2. 准备孵化池 一般用鱼苗培育池兼作孵化池，鱼苗孵出后就地培育，减少了转池的麻烦。孵化池以面积600～1300米^2、水深0.7～1米为好。放卵前5～7天要清塘、施肥，以杀灭敌害生物，培育鱼苗的天然饵料（轮虫等）。

3. 扎制鱼巢 鲤鱼卵具有黏性。在自然条件下，鲤鱼亲鱼选择有水草、树根的地方产卵，以使受精卵黏附在这些植物上发育。孵出的鱼苗在最初的2~3天内，也是附着在这些物体上。

通常将人工制作的供受精卵黏附的物品称为鱼巢。扎制鱼巢的材料要求纤细、多枝，在水中易散开，不易腐烂，无毒，鱼卵易黏附。常用的材料有柳树的根须、棕榈皮、窗纱、水草等，也可用聚乙烯纤维。但新的柳树根、棕榈皮应用水煮后清洗，以除去其中所含的单宁酸等有毒物质。

将准备好的材料扎制成束状鱼巢（柳树根每250克为1束，棕榈皮3~4片为1束，水草每束500克左右），然后将其绑在细绳上，绳上端绑缚塑料泡沫块或竹竿，下端坠以铁环或砖块，使之悬浮于水中，间距为10~15厘米（图3-1）。

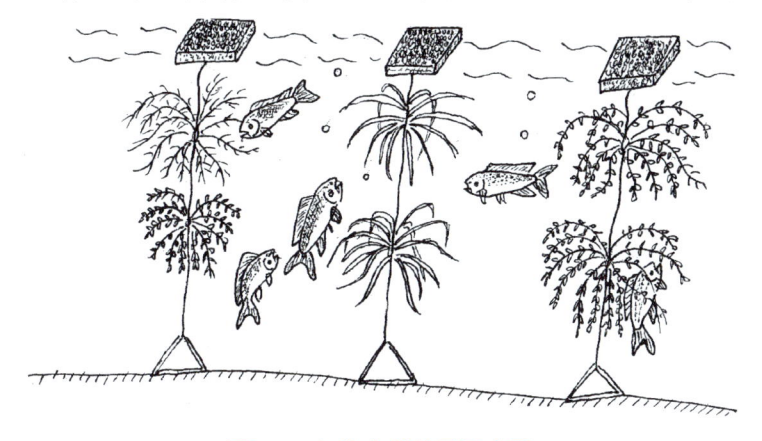

图 3-1 鲤鱼鱼巢放置示意图

鱼巢使用前，用4%食盐水浸泡1小时以上，以防止发生水霉病。

（四）产 卵

1. 产卵时间 鲤鱼的具体产卵期主要由水温决定。一般夜间水温升至15~16℃，下午水温达17~18℃时，鲤鱼即开始产卵，但大批产卵时的水温多在18~21℃。两广地区一般在2~3月，早的12月下旬便开始产卵。长江中下游地区为3~4月，黄河下游地区为4~5月，东北地区则是5~6月为产卵季节。在同一地区，生活在池塘等较小水体中的鲤鱼，因水温回升快，开始产卵的时间较早，且产卵较集中。在大水体中，开始产卵的时间较晚，持续的时间也较长。

2. 利用鱼巢自然产卵

（1）并池产卵。雌雄分养的亲鱼，在水温达 18～20℃时，选择成熟较好的雌、雄亲鱼（雌鱼腹大而柔软，雄鱼能挤出精液，且精液入水即散），按 1∶1.5 的比例配对，并入产卵池。雄鱼一定要多些，数量可达雌鱼的 2 倍，否则可能短时间内不会激起雌鱼发情，即使雌鱼发情产卵，卵的受精率也较低。每亩放亲鱼不超过 100～150 千克。

雌雄混养的亲鱼，当水温上升至 14～15℃时，就应将亲鱼捕起，选择成熟好的亲鱼按上述比例和密度并入产卵池内。

并池时，宜选晴暖无风或雨后初晴的天气。亲鱼入池后，最好当天下午冲水 1～2 小时，以刺激亲鱼发情产卵。

（2）鱼巢的放置和管理。根据水温和天气，正确估计亲鱼产卵时间，及时投放鱼巢。傍晚可先放 1～2 个鱼巢引产，发现亲鱼已开始产卵时，再适当多放。如果到翌日上午仍未产卵，则要把鱼巢捞起，洗净晾干，傍晚再放入，直至产卵为止。

鱼巢一般固定在离岸边 1～1.5 米处，鱼巢要全部浸入水面以下，但不能与池底接触。一次投放的鱼巢不宜太多，鱼巢附有一定量的鱼卵后，应及时取出，再放入新鱼巢。取换鱼巢时要细心，避免剧烈摇晃和摩擦，以防受精卵从鱼巢上脱落下来。

3. 晒背催产 亲鱼配组并池后，一般翌日清晨便可产卵。如果因亲鱼成熟度低或气候有变化而没产卵，则可在天气晴好时，上午将池水大部分排出（只剩 15～20 厘米深），使水浅处鲤鱼的背部能露出水面。经太阳照晒，水温升高，促进鲤鱼的性腺进一步发育，到傍晚再加注新水至原水位，翌日清晨多数亲鱼就能产卵。

4. 催情产卵 鲤鱼繁殖多是自然产卵，很少用注射激素的方法进行催产，在这里就不详细介绍了，如有必要，可参照团头鲂相关的内容，但激素用量要小于团头鲂。

（五）孵 化

鲤鱼受精卵在水温 15～30℃范围内都能孵化，但以 20～22℃时孵化效果最好。鲤鱼胚胎发育的时间较长,在水温 20℃时约需 91 小时,25℃时需 49 小时,30℃时需 43 小时。水温低于 15℃或高于 30℃,对胚胎发育极为不利,畸形怪胎较多,且会陆续死亡。

鲤鱼受精卵多用鱼苗培育池孵化。将黏附有鱼卵的鱼巢轻轻放入鱼苗培育池中,固定排放在水位较深、向阳的池角,使之沉入距水面 10~15 厘米的水中,每平方米放卵 300~400 粒。假设出苗率为 60%,每平方米水面鱼苗的数量可达 180~240 尾。

孵化期保持水质清新,溶氧充足。遇刮风下雨或气温骤降时,应把鱼巢沉入池水深处。每天早晚要巡塘,发现蛙卵、蝌蚪等,要及时捞出。

刚孵出的鱼苗全长 5~5.6 毫米,2~3 天内只能做短暂游泳,大部分时间仍吸附在鱼巢上(图 3-2),这时不能急于取出鱼巢,要待鱼苗能主动游泳,并离开鱼巢到外界摄食后,才可将鱼巢取出。在孵化后期,如果水质太清,水体透明度在 50 厘米以上,可适量施些发酵好的粪肥,以培育天然饵料(主要是轮虫),使鱼苗开口摄食时即能吃到适口的食物。

受精卵黏附在鱼巢上　　刚孵出的仔鱼吸附在鱼巢上

图 3-2　鲤鱼受精卵和仔鱼在鱼巢上

二、鲫鱼的人工繁殖

鲫鱼的繁殖时间和繁殖习性同鲤鱼相近,只是鲫鱼个体小,性成熟早,产卵期长。鲫鱼通常 1 龄性成熟,因而亲鱼常用 1~2 龄鱼,个体质量在 150 克以上。具体的人工繁殖技术,可参见"鲤鱼的人工繁殖"。

三、团头鲂的人工繁殖

团头鲂的人工繁殖稍难于鲤鱼和鲫鱼，但只要用心也不难掌握。

团头鲂产黏性卵，在天然水体中繁殖时，卵黏附在水草或其他物体上孵化，刚出膜的仔鱼也同鲤鱼相似，需黏附在其他物体上进一步发育。因此，团头鲂人工繁殖时亦需要水草或准备鱼巢。

（一）亲鱼的选择

团头鲂的性成熟年龄为 2~3 龄。通常选择 3 龄、体重 0.75 千克以上、体质健壮、生长良好的团头鲂作亲鱼。选留时，雄鱼数量应略多于雌鱼。团头鲂雌雄鱼鉴别见图 3-3 和表 3-2。

雄鱼胸鳍背面和第一根鳍条　　　雌鱼胸鳍背面和第一根鳍条

图 3-3　团头鲂的胸鳍

表 3-2　团头鲂雌雄鉴别要点

区别	雄鱼	雌鱼
胸鳍	第一根鳍条肥厚，呈波浪形弯曲。一旦形成，终生存在	第一根鳍条细而平直，不发生弯曲
珠星	生殖季节，在胸鳍、头部和尾柄上均有密集的珠星	仅眼眶骨及身体背部有少量珠星
腹部	腹部较小，成熟时轻压有白色精液流出	腹部较大，柔软，泄殖孔稍突出

(二）亲鱼的培育

团头鲂亲鱼单养或混养均可，通常在鲢鱼、鳙鱼、草鱼亲鱼池内混养。如果单养，每亩水面放养 200～300 尾，重 150～200 千克，并适当配养 1～2 组鲢鱼亲鱼或 10～20 千克大规格白鲢鱼种，以调节水质。

团头鲂喜食苦草、轮叶黑藻、马来眼子菜等水生植物，也喜食人工绞碎的螺、蚬、饼粕类饵料。夏季宜多喂鲜嫩多汁的青饵料，春季则宜精、青料搭配，比例约为 1∶16，一般每年每尾亲鱼投喂 0.5～1 千克精饲料就可以了。

当水温达到 16～17℃，接近产卵期时（开始产卵的时间一般较鲤鱼、鲫鱼迟一些），最好将雌、雄亲鱼分开，以避免下雨或无意注入新水时，造成不必要的零星自产（分养方法与鲤鱼相同）。

（三）产　卵

1. 自然产卵　团头鲂的性腺充分发育成熟后，只要水温适宜，有适当的环境条件（如水流和水草），即能自然产卵。因此，当水温达 20℃以上时，将雌、雄亲鱼并池，并给予适当的流水刺激，及时投放鱼巢，雌鱼便能自行产卵。具体方法参见"鲤鱼的人工繁殖"。

2. 催情产卵　通过给亲鱼注射激素促使其产卵的方法叫催情产卵。在池塘中，团头鲂产卵较鲤鱼、鲫鱼困难，且产卵不集中，生产上普遍采用催情产卵的方法。催产药物（激素）主要是鲤鱼或鲫鱼的脑垂体、绒毛膜促性腺激素和促黄体素释放激素类似物，三种药物市场均有销售。

在水温达到 20℃以上时，选择天气晴好的傍晚，将团头鲂亲鱼捕出，进行激素注射。

注射剂量：每千克团头鲂（雌鱼）用脑垂体 6～8 毫克（相当于体重约 0.5 千克鲤鱼的脑垂体 6～8 个，或体重约 0.15 千克鲫鱼的脑垂体 12～16 个），或绒毛膜促性腺激素 1 200～2 000 单位，或用促黄体素释放激素类似物 10 微克左右。当然，这些药物也可混合使用，但用量要相应减少。雄鱼用量为雌鱼的 1/3～1/2。激素事先要用 6.5‰的生理盐水配好。

注射方法：多用胸鳍基部注射法（也称腹腔注射法）。针头从胸鳍基部内侧无鳞的凹沟处插入，斜向鱼的头部，针管与鱼体呈60°左右的夹角（图3-4），针头刺入1厘米左右。为防止针头刺入过深伤到内脏，可用持注射器的手指预先按住针头的预定长度。推入药液后快速拔出针头，并用手指按一下针眼，以防药液倒流出来。

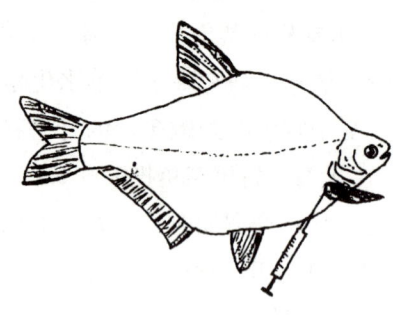

图 3-4 胸鳍基部注射部位示意图

注射完毕后，将亲鱼放入产卵池，设置鱼巢，并给予微流水刺激。在水温24℃时，一般8小时后开始发情产卵。水温低，则时间要长些；水温高，则时间就短些。

（四）孵 化

1. 池塘孵化 团头鲂受精卵的池塘孵化方法与鲤鱼基本相同。一般用鱼苗培育池孵化，每亩放鱼卵20万～25万粒。团头鲂鱼苗较鲤鱼细嫩得多，在操作时，不可离水，饲养管理也要比鲤鱼细致些才行。

2. 流水孵化 团头鲂卵的黏性较差，只要将鱼巢在水中用力甩动，鱼卵就可脱落。收集起这些卵，去除其中杂物，粗略计数后，放入孵化桶进行流水孵化，这种孵化方法可大大提高出苗率。

四、尼罗罗非鱼的人工繁殖

尼罗罗非鱼的繁殖习性同常见国产养殖鱼类有很大的不同，但人工繁殖工艺并不复杂，很容易掌握。

（一）繁殖习性

尼罗罗非鱼是热带鱼类，其繁殖没有明显的季节性，只要水温在20℃以上，就会发情产卵。通常每隔30天左右繁殖1次，雌鱼每次产卵1 000～2 000粒。在长江以南地区的自然水温下，每年可繁殖4～5次，北方则要少一些。繁殖前，雄鱼先离群在池边占地挖窝，用嘴把泥沙拱开，形成一个直径0.3～0.4米、深0.1米左右的浅盆状鱼窝。此时，雄鱼体色变得格外美丽，在鱼窝附近招引雌鱼入窝产卵。受精卵较大，在雌鱼口中孵化。

（二）亲鱼的培育

1. 培育池的要求 尼罗罗非鱼亲鱼培育池无特殊要求，一般水质良好、面积600～1 300米^2、水深1.5米左右就可，但在繁殖季节可把水位降至0.5～1米深，这样有利于雄鱼找到挖窝地点。

2. 亲鱼的放养 选择体质健壮、体长在20厘米以上、背高肉厚、体色光亮、斑纹清楚的罗非鱼作亲鱼。当水温稳定在18℃以上时，可把选好的亲鱼从越冬池移入室外繁殖池（培育池）中，每平方米水面放250～300克/尾的亲鱼1尾左右。亲鱼要雄少雌多，一般比例掌握在1∶4或1∶3。

10厘米以上的尼罗罗非鱼的雌雄鉴别需掌握两个要点。①生殖季节，雄鱼体色鲜艳，头、背、尾部变成红色，而雌鱼体色灰暗，个体也相对小些。②雌鱼腹部有3个小孔，即肛门、生殖孔和泌尿孔；雄鱼腹部只有2个小孔，即肛门和尿殖孔，且尿殖孔开在一个小圆锥状的白色凸起顶端，仅为一小点，用肉眼细看可以辨别。

3. 饲养管理 亲鱼进入繁殖池后，饲养管理十分重要。尼罗罗非鱼能摄取池水中的多种饵料，因此可在池塘中施加腐熟的有机粪肥，但每次施肥量不可太大，保持池水为茶绿色或黄绿色为好，池水透明度掌握在30～40厘米。另外，为保证亲鱼营养，还必须投喂部分人工饵料，如豆饼、麸皮、酒糟以及配合饵料或人工配合饵料。不久，亲鱼会自然产卵受精。

（三）孵化与哺育

尼罗罗非鱼适宜的繁殖温度是24～32℃，其受精卵的孵化和鱼苗的早期哺育是在雌鱼口腔中进行的。在水温25～29℃时，卵从受精到孵化出膜需要80～110小时。鱼苗在口腔中哺育时，雌鱼的喉部增大，离窝独游。

刚从口腔中出来的鱼苗，游泳能力很差，经常密集在雌亲鱼的周围，边游动边摄食。当遇到敌害或听到较大的响声时，雌亲鱼立即游向鱼苗，同时小鱼苗也迅速群集在亲鱼口的周围，很快被雌亲鱼含入口腔内。来不及进入口腔的少数鱼苗，则从亲鱼的腹部游至下颌，再从下嘴唇移向口边，被雌鱼吞入口中。待雌鱼觉得安全时，再将鱼苗吐出。当鱼苗长到1.5厘米左右时，雌鱼停止哺育，鱼苗独立生活。不久，雌鱼会进入下一轮繁殖，再次产卵。

（四）苗种的培育

当尼罗罗非鱼雌鱼不再照顾鱼苗时，鱼苗便成群结队地在水面上游动。此时要用捞网及时将其捞出，移入鱼苗培育池。如不及时捞取，几天后鱼苗分散活动，就很难再捞到了，而且这些鱼苗往往会被大鱼吃掉，能成活下来的只是少数。如管理得当，在雌亲鱼哺育期也可将鱼苗捞出单独培育，这样可促使亲鱼提前进入下一轮繁殖，从而提高鱼苗生产量。

尼罗罗非鱼的苗种培育池可大可小，视养殖规模而定。一般为600～1 300 米^2，每平方米水面放鱼150～200尾，经15天左右的培育，苗种体长可达3厘米。

第四章 池塘养殖鱼类苗种的培育

鱼苗为孵化后的仔鱼，鱼种是供池塘、湖泊、水库、河沟等放养以养成商品鱼的幼鱼。苗种培育就是将鱼苗培育成鱼种或大规格鱼种的过程，一般分为鱼苗培育和鱼种培育两个阶段。鱼苗培育是指下塘鱼苗经15~20天的饲养，成为全长3厘米左右的稚鱼（生产上称为夏花），也有培育到全长1.7~2厘米（生产上称为乌仔）出塘的。鱼种培育是将夏花继续饲养2~5个月，使其成长为全长10~20厘米的幼鱼，这种幼鱼在生产上称1龄鱼种或当年鱼种，秋季出塘的叫秋花，冬季出塘的叫冬花，翌年春季出塘的叫春花。草鱼、青鱼的1龄鱼种有时可再养1年，成为2龄鱼种。

鱼苗、鱼种的培育是养鱼生产的重要环节，主要目的是为商品鱼饲养提供数量充足、规格合适、体质健壮的鱼种，重点要求是提高成活率和成长率。

一、鱼苗的培育

(一) 鱼苗购买

鲤鱼、鲫鱼、团头鲂可自己繁殖生产鱼苗，但家鱼人工繁殖比较烦琐，一般养殖户自己做不到，要向鱼苗场购买。为了及时获得量足质优的鱼苗，应提前同鱼苗场联系，说明购买的种类、数量，并确定购苗时间。一般来讲，长江水系的家鱼生长较快，抗病力强。近亲繁殖出的鱼苗体质弱，死亡率高，购买时应注意。另外，不同养殖鱼类鱼苗的外形和活动特征是不一样的，在购买前可放入白色浅盆中仔细观察，辨别优劣。鱼苗优劣的鉴别可参见表4-1。

表 4-1　鱼苗优劣鉴别

鉴别方法	优质苗	劣质苗
看体色	群体色素相同，无白色死苗，身体光洁无污物	群体色素不一（花色苗），有白色死苗，鱼体有污物
看游泳	用手逆时针方向搅水，鱼苗在旋涡边缘逆水游泳	大部分被卷入旋涡，被动旋转，不能逆水游泳
抽样检查	将鱼苗放入白瓷盘，吹动水面，鱼苗能顶风逆水游泳。倒掉水后，鱼苗在盘底剧烈挣扎	吹动水面，鱼苗顺水漂动。倒掉水后，鱼苗挣扎无力，头尾仅能扭动，有气无力

1. 鲢鱼苗　身体较细瘦，灰白色，体侧有一行色素（又称青筋）沿着鳔和肠管上方直达尾部。尾鳍上下各有一黑点（即色素丛），上小下大。鳔椭圆形，靠近头部。鲢鱼苗多活动于水的上层中部，在水中时停时游。

2. 鳙鱼苗　鱼体较肥胖，头宽，体鲜嫩微黄。鳔比鲢鱼大且距头部较远。尾鳍呈蒲扇状，下侧有一黑点。常栖息于水的上层边缘处。游泳缓慢而连续。

3. 草鱼苗　身体较鲢鱼和鳙鱼短小，比青鱼粗，呈淡黄色。鳔圆形，距头部较近。尾短小，呈笔尖状。尾部红黄色血管较明显（又名赤尾）。栖息于水的下层边缘，时游时停。

4. 青鱼苗　身体瘦长而略弯。头呈三角形而透明，鳔和鲢鱼苗相似。青筋黑色直通尾部，并在鳔的上方有明显弯曲。尾鳍下叶有明显的不规则黑点（芦花状）。栖息于水的下层边缘，游动缓慢。

5. 鲤鱼苗　体粗而背高，呈淡褐色。头扁平。鳔卵圆形，青筋灰色直达尾部。栖息于水的底层，不太活泼。

将检查合格的鱼苗分别装入塑料袋，塑料袋事先注水 1/3 左右，然后再充氧密封。长 70~80 厘米、宽 35~40 厘米的袋子可装鱼苗 5 万尾（25℃），运输时间在 24 小时内，成活率可达 90% 以上。

（二）鱼苗池选择与清整

鱼苗体小力弱，易死亡。因此，良好的生活环境对其成活和成长是十分重要的。对鱼苗池通常有 4 个要求：①池形整齐，面积 600～2 000 米^2，池深 1.5～2 米；②水源充足，水质清新，能控制水位，前期水深 0.5～0.7 米，后期 1～1.3 米，期间根据水质情况及时注水；③池埂坚实不漏水，池底平坦，淤泥少，无杂草；④阳光充足。

选择了理想的鱼苗池后，在放苗前 10 天左右还要清整，以杀灭敌害生物和病菌。通常需做好以下工作。

1. 修整鱼池 清除过多的淤泥（有条件的地方可在冬季排干水后进行），平整坍塌的池埂，检查进排水道是否畅通，并在进水口处安装密眼网，以防敌害生物随水入池。

2. 药物清塘 将池水排至 20 厘米深，在水边挖十几个小坑，坑内放入生石灰，引水溶化后不待冷却即向全池泼洒，使池水呈乳白色。短时间内水的 pH 值可达 11 以上，可以很快将所有的水中生物包括底栖动物杀死，为鱼苗消灭了敌害，同时也改良了底质（盐碱地池塘不能用生石灰）。生石灰每平方米水面用量在 0.15 千克左右。也可全池泼洒漂白粉（含有效氯 30%），每立方米水体用 20 克。漂白粉清塘效果不及生石灰好。药物清塘是提高鱼苗成活率的重要措施之一。

（三）鱼苗放养

鱼苗放养要注意以下几方面的问题。

第一，鱼苗下塘前用试水的方法观察清塘药物毒性是否消失，即将鱼苗放入盛有鱼苗池水的容器中，饲养半天或 1 天，如果鱼苗无异常，说明水质良好。

第二，鱼苗下塘前 1 天，用密眼网拉空塘 1～2 次，以清除鱼塘中新生的敌害生物，如青蛙及卵、蝌蚪等。

第三，鱼苗破膜后 4～5 天，能够平游时下塘。远途运输来的鱼苗，下塘前要做好缓苗处理，即将鱼苗放入鱼苗塘中的网箱内暂养数小时，待鱼苗能正常游泳后，再放入塘中。

第四，鱼苗下塘时新、旧水的温度要一致，最大温差不能超过 3℃，即用手试水没有明显的冷热差异。否则，应逐渐调节水温，使其一致后再下塘。

鱼苗塘水温不得低于15℃。

第五，下塘时将盛鱼苗的容器倾斜于水中，让鱼苗徐徐游出。有风天气应在上风处放苗。

第六，鱼苗尽量做到肥水下塘，即在轮虫高峰时下塘。为此，必须在鱼苗下塘前8天施有机肥，每平方米水面施0.3～0.7千克，然后注水（用密眼网过滤，以防敌害生物随水入池）50～60厘米。鱼苗下塘前一天观察池水，可用玻璃杯装满池水，对着光亮处看，如果每毫升水中有5个以上小白点（轮虫），说明池水肥度最好；如果不足5个，应再少量施肥；如果水中有个体较大的水蚤，应在池水中泼洒90%的晶体敌百虫，每立方米水体用0.03～0.05克即可。

肥水下塘也是提高鱼苗成活率的重要措施之一。但要注意水的肥度不能过大，藻类太多会引起鱼苗患气泡病。

（四）鱼苗、鱼种的食性与生长特点

鱼苗、鱼种的食性是指鱼苗、鱼种吃什么食物和怎样吃，了解这些对养好鱼苗、鱼种十分重要。

刚孵化的鱼苗或从鱼苗繁殖场购买来的鱼苗，全长不足1厘米，它们活动能力弱，口小，只能吞食轮虫、无节幼体和小型枝角类等小型浮游动物。

鱼苗长到乌仔时，体形已与成鱼有些相似（图4-1）。鲢鱼、鳙鱼鳃耙已发育得较细密，滤食能力亦加强，由吞食转向滤食。鲢鱼的食物中浮游植物比重增大，鳙鱼仍以浮游动物为主。草鱼、青鱼和鲤鱼摄食能力增强，能主动吞食大型枝角类、摇蚊幼虫和其他底栖动物，草鱼开始摄食芜萍等细嫩的水生植物。

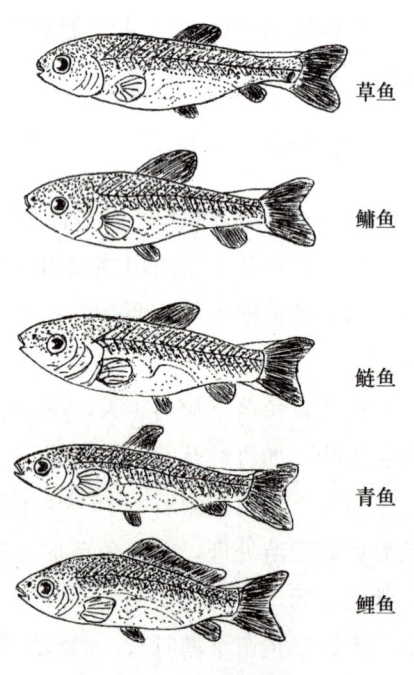

图4-1 乌仔的形态

鱼苗长到3厘米以上，摄食、滤食器官发育得更加完善，食性与成鱼已基本相似。鲢鱼的鳃耙细密呈海绵状，以滤食各种浮游植物为主，也滤食少量浮游动物。鳙鱼的鳃耙密而长，但不连成海绵状，空隙较大，以滤食浮游动物为主，也滤食少量浮游植物。3厘米以上的草鱼和团头鲂已能吃芜萍、小浮萍和切碎的嫩菜；7厘米左右的可食紫背浮萍和嫩草；10厘米以上即可吃各种水草。10厘米以上的青鱼可吃绞碎的螺、蚬；15厘米以上的可吃小螺蛳。鲤鱼在1.5厘米时，主要摄食底栖动物；长到3厘米以上能挖掘底泥摄食底栖动物（表4-2）。

表4-2 鱼苗、鱼种食性转化过程　　　　　　　　　　单位：毫米

鱼类	体长 7~10	体长 12~22	体长 30以上
鲢鱼	吞食轮虫、无节幼虫、小型枝角类	从吞食转向滤食，食物中浮游植物比重增大	食性与成鱼相似，以滤食浮游植物为主
鳙鱼	吞食轮虫、无节幼虫、小型枝角类	从吞食转向滤食，食物中浮游动物比重大	食性与成鱼相似，以滤食浮游动物为主
草鱼	吞食轮虫、无节幼虫、小型枝角类	主要吞食浮游动物、摇蚊幼虫和嫩水草	食性与成鱼相似，以吞食水草为主
青鱼	吞食轮虫、无节幼虫、小型枝角类	吞食浮游动物、摇蚊幼虫、小螺蛳	吞食大型枝角类、摇蚊幼虫、小螺蛳等
鲤鱼	吞食轮虫、无节幼虫、小型枝角类	吞食浮游动物、摇蚊幼虫、水蚯蚓等	吞食底栖动物、植物碎屑等

鱼苗、鱼种个体虽小，生长却很快，刚开始下塘的鱼苗几天后体重就会翻一番。因此，食物供应是否充足，往往在很大程度上决定鱼苗的生长。另外，鱼苗、鱼种对水质的要求也高于成鱼，必须保持水质良好才能提高其生长速度。显然，鱼苗的饲养难度要大于鱼种。

（五）饲养方法

目前，鱼苗都采用单养，适宜的放养密度是每亩水面放养10万尾左右。

草鱼、青鱼、鲤鱼的放养密度通常较鲢鱼、鳙鱼、鲫鱼小些。放养密度过大，则食物供应不足，鱼苗生长缓慢，体质弱，成活率低，且规格差异较大。因此，如果池塘较多，还可降低放养密度。刚下塘的鱼苗纤弱，成活率一般较低。如果是初养鱼，技术水平不高，可以从乌仔开始鱼苗饲养。

鱼苗饲养主要有以下几种方法。

1. 有机肥饲养法　鱼苗下塘前先培肥水质，做到肥水下塘；鱼苗下塘后，采用勤施、少施的方法向鱼苗池中施放有机肥，培育浮游动物供鱼苗摄食。具体施肥量根据天气、水质、鱼苗生长情况等灵活掌握。这种饲养方法的特点是成本低，但浮游动物的数量和种类不易控制，所以效果不稳定。

2. 豆浆饲养法　这种方法应用较为普遍，容易掌握，操作简单，水质稳定，养鱼效果较好，但大部分豆浆不能为鱼苗食用，饲养成本较高。养成1万尾夏花需要黄豆7~8千克。具体做法是：黄豆磨浆前加水浸泡，以泡软、泡透为宜，然后磨成浆（1千克黄豆可制豆浆17升），向全池泼洒。开始每平方米水面每天喂豆浆1升，1周后增加到1.5升，并根据水色和鱼苗生长情况增减。

3. 有机肥和豆浆混合饲养法　这种方法既节省精饲料，又能充分利用池塘培养天然食物，养鱼效果很好。首先要做到肥水下塘，其次是适时投喂豆浆。下塘初期，如果轮虫数量每毫升水不足10个，可每天每平方米水面投豆浆3~7.5毫升，鱼体长大后，改投豆饼糊，每天每平方米水面3~6克。另外，还要适时施加追肥，以培育浮游生物，每隔3~5天每平方米水面施腐熟的有机粪肥150~300克不等。

除了上述几种方法，还有无机肥饲养法、草浆饲养法等，但应用较少。

（六）日常管理

鱼苗新陈代谢水平高，摄食量大，生长快，但身体弱，游泳能力差，如果管理不善，就会大大影响其成活率和成长率。鱼苗的日常管理工作包括以下几方面内容。

1. 分期注水　鱼苗下塘时，为提高水温，增加饵料生物的浓度，水位宜控制在50~70厘米。以后随鱼体的长大、游泳能力的增强和水质的老化，注水就显得很有必要。通常每隔 3~5 天注 1 次，每次 10~15 厘米。注水时注意不要细水长流，以免鱼苗长时间顶水而影响摄食；水入池前要经密眼网过滤，以防敌害生物随水入池。

2. 经常巡塘 每天黎明、中午、傍晚分 3 次巡视池塘，观察鱼苗的活动、摄食、生长情况，发现问题，及时解决。巡塘时，随身携带小网，及时捞取塘中的蛙卵、蝌蚪、杂草、脏物等。

3. 培养和调节水质 利用注水和施肥两种手段来控制和调节水质，使池水中既有丰富适口的天然食物，又有充足的溶氧。这项工作具体操作起来有一定难度，必须细致认真对待才行。

4. 做好养鱼日记 每天记录池塘溶氧量、水温和天气情况，鱼苗活动、摄食情况以及出现了哪些问题，采取了什么措施，效果如何等，这样可不断积累养鱼经验。

（七）拉网锻炼

如果将来出塘时夏花鱼种要外运，为了增强其体质，提高运输的成活率，就必须在外运前拉网锻炼。即使夏花鱼种不外销，最好也要拉网锻炼。

拉网锻炼的具体做法如下。在鱼苗长到 2 厘米以上时，选择一个晴天的上午，将鱼苗用拉网拉捕到网箱（又称谷池）中。当鱼快要进入网箱时，收网动作要轻一点，千万不要让拉网内的污泥和脏物同鱼一起进入网箱，以免水质恶化，使鱼缺氧死亡。鱼群进入网箱后，稍等一会儿，将网箱内和水面上的脏物清除掉，同时将水生昆虫、小杂鱼、蝌蚪统统捞出。做好这些工作后，安排专人看护网箱，密切注意鱼苗活动情况，2~3 小时后，将鱼苗从网箱中放出，使其自由游入池塘，这一次拉网锻炼结束。一般草鱼和鲮鱼锻炼 1 次即可，鲢鱼和鳙鱼要进行 2 次锻炼，两次时间间隔应在 1 天以上。

出塘的夏花鱼种，如果要长距离运输，一般在两次拉网锻炼之后还要"吊水"。"吊水"的方法是将夏花鱼种移入清瘦水塘内，暂养在网箱中，不要投喂，至翌日早晨（约经 10 个小时）再装车起运。"吊水"可大大提高运输成活率。"吊水"期间，要有专人管理，以防发生意外。

二、鱼种的培育

鱼种培育是紧接鱼苗培育进行的。鱼苗阶段由于各种鱼最初都是靠吞食轮虫等小型浮游动物生活，食性没有分化，因此为管理方便都采用单养方式。从夏花开始各种鱼食性分化明显，食物不同，同时随鱼体的长大，密度过大，也限制了鱼的生长。因此，必须将它们分塘搭配稀养。

（一）夏花放养前的准备工作

1. 购买夏花 有的养鱼户不养鱼苗，而从夏花开始饲养鱼种，因而必须购买夏花。购买夏花时要看其是否经过拉网锻炼，并注意其体质状况（表4-3）。

表4-3 夏花优劣鉴别

鉴别方法	优质夏花	劣质夏花
看出塘规格	规格整齐	规格大小不一
看体色	鲜艳有光泽	暗淡无光，或黑或白
看活动情况	行动活泼，集群游泳，抢食能力强，受惊后迅速下潜	行动迟缓不集群，在水面漫游，抢食能力弱
抽样检查	鱼在无水容器内狂跳，鱼体肥壮，头小背厚，鳞、鳍完整，蝌蚪等敌害生物没有或很少	很少跳动，鱼体瘦弱，头大背尖，鳞、鳍残缺，鱼体异常，敌害生物较多

夏花已基本具备成鱼的特征，因而比鱼苗容易辨认。一般来讲，草鱼体色淡黄，鳞片清楚整齐，头部扁平，吻端钝圆；青鱼身体和鳍呈灰白色，鳞片不明显，头较尖；鲢鱼体色银白，头较鳙鱼小，腹部还没有刀口状腹棱，侧观腹缘呈弧形，胸鳍尖端仅达腹鳍基部；鳙鱼体色黑而稍带黄色，头大，腹棱仅存在于腹鳍到肛门之间，侧观腹缘平直，胸鳍尖端超过腹鳍基。同样大小的鳙鱼、鲢鱼相比，鳙鱼头大，前宽后窄，而鲢鱼头比鳙鱼头小，前后相差不明显，两种鱼体色区别也较明显。鲤鱼体色鲜亮，鳞片明显，头较小，腹部较大，口下位，抢食能力强，但出塘规格往往差异较大（图4-2）。

2. 鱼池准备 鱼种池面积 2 000～3 000 米^2，水深 1.5～2 米，放养前 10 天清整、施肥、注水。详细情况，同鱼苗池基本一样，可参照鱼苗池准备进行。

（二）夏花放养

1. 放养方式 自夏花以后，各种鱼种的食性已接近成鱼，为了充分利用池塘中的各种饵料资源，宜采用混养方式。但混养种类不可过多，3～4 种即可。在生产中，多采用草鱼、青鱼、鲤鱼、鲫鱼等中、下层鱼类分别同鲢鱼、鳙鱼等中、上层鱼类搭配饲养，其中以一种鱼为主养鱼，其他为配养鱼。这里应注意的是：鲢鱼与鳙鱼之间、草鱼与青鱼之间很少搭配，特别是在投喂人工饵料较多的情况下。

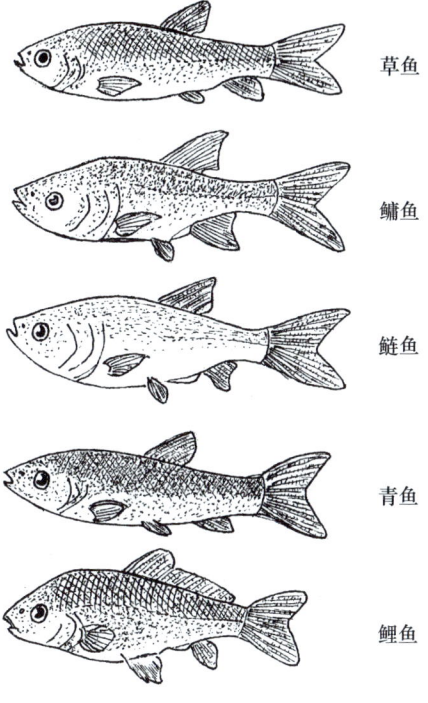

图 4-2 夏花鱼种外部形态

2. 放养密度 夏花放养以多大密度较为适合，没有定规，通常每平方米水面放十几尾至几十尾甚至百余尾。如果想让夏花快速生长，就必须减小放养密度，加大投喂量。如果池塘不够用或短时期内就能捕出卖掉，可加大放养密度。

3. 放养时机 鱼池清整、注水、施肥后 10 余天，可见水中枝角类极多，有时使池水呈淡红色。用玻璃杯盛满池水，对着光源观察，可见小米粒大小的小虫在水中跳动，此时夏花下塘最合适。有条件的地方可在施肥注水的同时在草鱼池中点放部分浮萍和芜萍种，这样 10 天后，草鱼夏花下塘后可吃到可口的植物饵料。

（三）饲养方法

1. 以投喂为主的饲养方法 这种方法应用较多，主要用来饲养草鱼、青鱼、鲤鱼、鲫鱼等，放养密度较大。根据饲养种类不同，分别投喂芜萍、小浮萍、豆饼或颗粒饵料等。在投喂方法上，做到定时、定位，使鱼养成在固定时间到固定地点摄食的习惯。在投喂量上，可根据鱼种的摄食情况、天气情况灵活掌握，不可忽多忽少，同时保证饵料新鲜可口。总之，要使鱼种吃饱、吃好。

2. 以施肥为主的饲养方法　这种方法应用较少，主要用来饲养鲢鱼、鳙鱼。每3～5天施1次有机肥，每次每平方米水面施0.15～0.3千克。同时，结合冲水使池水呈褐绿色，繁殖鱼种易消化的浮游生物。

（四）池塘管理

鱼种培育的池塘管理应注意以下几点。

第一，每日早晨巡塘1次，观察水色和鱼的动态，看是否有浮头现象；傍晚巡塘1次，检查鱼一天的摄食情况。

第二，经常清扫食台、食场，清除池边杂草和池水中的草渣、污物，保持池塘环境卫生。

第三，适时注水，改善水质，预防缺氧。

第四，做好防洪、防逃工作，防治鱼病和敌害生物，特别是有些水鸟，如翠鸟、池鹭等，很喜欢守在塘边，捕食鱼种，应注意驱赶。

第五，秋末冬初，水温降至10℃后，将鱼种捕出，分类集中蓄养在较大而深的池塘内，准备越冬。

第五章
商品鱼的池塘饲养技术

　　商品鱼的饲养也叫成鱼饲养、食用鱼饲养，是指在池塘中将鱼种饲养一段时间，使之达到上市规格，作为商品，投放到市场上，供消费者食用。它是鱼类饲养的最后一个环节，时间通常是1年或一个生长季节。

　　商品鱼饲养这一阶段，由于鱼个体大，生命力强，管理简单，投资又少，而成为最普遍的养鱼方式，多数养鱼户都是从这一步走上养鱼致富之路的。目前，随着生产力的提高和养鱼技术的逐步完善，产量也从过去的每亩水面产100～200千克上升到500～1 000千克，产量过吨的也很多，经济效益大幅度提高。

　　1958年，我国渔业科技工作者就总结了成鱼饲养的八字精养法，即"水、种、饵、密、混、轮、防、管"，至今对养鱼生产仍有很大的指导作用。目前，八字精养法的内容更加充实。

　　八字精养法中每个字都有各自特定的含义。"水"是指养鱼环境，要求水质必须适合养殖鱼类的生活和生长；"种"是指鱼种，要求质优、体健、量足、规格合适；"饵"是指饵料，要求营养全面丰富，适口性好，数量充足；"密"是指合理密养，避免水体浪费；"混"是指不同种类、不同年龄和不同规格的鱼类同塘混养，以充分利用水体和饵料；"轮"是指实行轮捕轮放，使整个养殖过程中池塘始终保持较合理的养鱼密度，同时鱼产品也可均衡上市；"防"是指防止鱼病的发生、蔓延而造成经济损失；"管"是指整个养鱼过程中实行精心细致的科学管理。其中，"水、种、饵"是养鱼生产的物质条件；"密、混、轮"是技术措施；"防、管"是在物质条件和技术措施的基础上实行科学管理，协调好它们之间的关系，防止鱼病的发生和蔓延，最大限度地发挥池塘的生产潜力，以取得最佳的经济效益。

一、池塘及池水

池塘不论大小、深浅，只要能保持一定的贮水量，都可用来养鱼，但条件理想的池塘对提高养鱼产量，增加养鱼效益是十分有利的。所以，无论是旧塘改造或是新塘开挖，都要尽量符合养鱼要求。通常理想的成鱼池应符合以下几个方面的要求。

(一) 位　置

要选择水源充足、水质良好、排灌方便、交通便利的地方建造养鱼池。

(二) 面　积

根据一般的养鱼经验，养商品鱼的鱼池面积应在 4 000～6 000 米^2。养鱼技术高，养鱼机械全的地方，鱼池面积还可大些，但也不要超过 10 000 米^2。因为池塘过大，投喂、管理都很困难，而且在有风的天气，塘埂可能会被风浪冲毁；若池塘太小，水质往往不够稳定，鱼的活动范围小，影响摄食，鱼的产量同样很难提高。

(三) 水　深

一般池塘的水深应掌握在 2 米左右，高产池塘可加深至 2～2.5 米。这样的水深，鱼的活动、摄食都不会受影响，水质也较稳定，对增产有利。

(四) 池　形

鱼池的形状最好是东西走向的长方形，长与宽之比以 5∶3 为好。这样的鱼池不仅外形美观，而且拉网操作方便，夏季接受光照时间长，有风的天气，可形成较大的波浪，有利于鱼池增氧。

(五) 渠　道

池塘渠道包括进水渠道和排水渠道。其宽、深要根据输水量来确定，每个池塘的进、排水口都要和渠道单独相连，杜绝甲池塘的水排出后进入乙池塘的做法，因为这样不仅对乙池塘没有任何益处，反而易导致鱼病传染。同一池塘中，进、排水口要尽量相距远些，使流水带动整个池水运动，最大限度地改善水质。

下面谈谈沙地养鱼和盐碱地养鱼。

建造池塘最好的土质是壤土。对保水性能差的沙土，可在池底铺上一层结实的塑料薄膜后覆盖厚 0.5 米以上的土，防渗效果很好，通常可维持 8~10 年之久。

我国有大片的盐碱地，这些地方不适宜作物生长但经改造后可用来养鱼。改造盐碱地通常需要做好 5 个方面的工作。①开挖鱼池要规整，面积为 2 000~6 000 米^2，池底低于地下水位 1.2 米，挖土抬田，水面、台面比值掌握在 1∶20 左右，开挖进、排水渠道。②引淡排碱，开辟良好的淡水水源，淡水只进不排，盐碱水只排不进。③非养鱼季节也不能干塘，平时塘水水位应比地下水位高。④施足有机肥，使"生塘"变为"熟塘"，一般每平方米水面施基肥 1~1.5 千克，这样池底很快形成一层淤泥，既可防渗又可防碱，并能调整酸碱度，对养鱼非常重要。⑤新开挖的池塘，池边抬田地种植田菁等降碱排碱植物，2 年后可种植其他青饲料。

二、鱼　种

鱼种是八字精养法中的"种"字。要求品种优良，数量充足，规格合适，种类齐全，体质健壮，无病无伤。

（一）鱼种特点

在第一章中，我们介绍了池塘常见的养殖鱼类，在这里我们重点谈谈其养殖特点。

鲢鱼、鳙鱼对控制池水的肥度有一定的作用，是池塘养鱼必不可少的种类，虽然其肉质稍次，价格较低，仍具有不可替代的地位，这一点鲢鱼尤为突出。草鱼是池塘养殖最普遍的种类，其饵料成本低，生长快，售价高，最受养殖户欢迎。团头鲂饲养成本低，售价高，养殖利润大，也越来越受到人们的重视。细鳞鲴能利用其他鱼类所不能利用的饵料，养殖前景较好。鲤鱼、鲫鱼、罗非鱼对养鱼增产也有很好的效果。青鱼由于饵料难以解决，一般养殖量不大，但青鱼在池塘中可控制螺类数量的增长，在多螺地区应适量养殖。鲮鱼由于耐低温差，只能在南方饲养。乌鳢和鳜鱼是凶猛鱼类，一般少量饲养于商品鱼鱼池中，可控制野杂鱼的数量。

（二）鱼种规格

鱼种规格是指池塘中放养多大的鱼。这要结合当地商品鱼的销售规格来定，作为养鱼户应考虑到鱼种经过1年的饲养能顺利上市就行。由于各地消费者吃鱼习惯不一样，养殖户养鱼方式方法也不同，所以不同地区鱼种规格的差别是很大的。在华北地区，鱼种规格一般是0.1～0.2千克/尾。这种规格的鱼种经半年多的饲养，正好达到0.5～1千克/尾的上市规格。

（三）鱼种来源

鱼种来源可以从外地购进，也可以自己培育。自己培育鱼种，无论是在质量上，还是在数量、种类、规格上，都有保证，且避免了长途运输和鱼种因转换水域不适应而引起的死亡。但自己培育鱼种必须统筹安排，合理布局。部分小而浅但相对规整的池塘可作鱼种池，鱼种池占池塘总面积的20%～30%，具体培育方法参看本书第四章。另外，也可在成鱼池中套养部分鱼种。这里应注意的是，成鱼池套养鲢鱼、鳙鱼的话，夏花或2龄鱼种均可，但如果套养其他鱼类的夏花，由于它抢食力弱，竞争不过大鱼，经常处于饥饿状态，会严重影响其生长，故只能套养2龄鱼种。

对刚开始养鱼或由于池塘面积小而不能自己培育鱼种的养鱼者，必须从外地购入鱼种。在这种情况下，应注意3个方面的问题。其一，提前和出售鱼种的厂家联系，说明求购鱼种的种类、数量、规格以及进鱼时间，并要谈妥价格，切不可临放鱼种前再四处购买，这样往往不能如愿而影响当年的养鱼生产。其二，在购买鱼种时，要注意鱼种的数量和质量。目前，有少数厂家只注重眼前利益，提供鱼种以次充好，以少称多，给养鱼户带来不小的经济损失。一般健壮的鱼种头小背厚，色泽鲜亮，规格整齐，活泼善跳。这样的鱼种运回去成活率高，生长快。抽样点数是防止厂家以少称多的好办法。其三，鱼种运输时要注意，短距离运输可用敞口帆布篓、大水桶，中途有条件的可换掉部分陈水，补充新水；距离稍长的，就要用密封塑料袋运输，或让供鱼种厂家代运。但无论如何，外购鱼种会给养鱼者带来不少麻烦。刚开始养鱼的人，可在养成鱼的同时，摸索鱼种培育经验，逐步从由外地购进向自己培育鱼种过渡。

(四) 鱼种放养

1. 放养种类 鱼种的放养种类常依据水质条件和饵料条件来确定。水源条件较好、能够经常冲水的池塘，应多放草鱼和鲤鱼、鲫鱼等吞食性鱼类。水体流动性差、水质偏肥的池塘，应多养滤食性的鲢鱼、鳙鱼。在湖区水草资源丰富，饵料充足，养殖品种应以草鱼、鲢鱼、团头鲂为主，其产量可占到商品鱼总产量的60%以上。有生活污水来源或肥源充足的城郊地区，应以饲养滤食性鱼类为主，要占到总产量的70%以上。总之，各地应根据具体情况确定放养种类和比例，也可参照后续讲解的混养类型模式来确定。

2. 放养量 每一个池塘的具体放养量一般由池塘的具体条件和养鱼户的技术水平决定。如池塘规范，水质较好，工作人员又具有多年的养鱼经验，每平方米水面可产1千克商品鱼，而在该养殖季节内鱼体可增重5倍左右，那么每平方米水面可放鱼种1~2尾，约0.2千克。

3. 放养时间 在我国北方广大地区，成鱼养殖池的鱼种放养时间多在开春后、水温5~6℃时进行。这样，既可避免放养过早冻伤鱼体，又可使鱼种及早入池，经过一段时间适应后较早开食，相对延长了生长期。况且这时鱼体活动力弱，拉网容易，操作简单易行。

4. 注意事项 ①挑选鳞片完整，体质健壮的鱼种入池；②准确计数，以便统计成活率、生长率，为以后放养积累经验；③尽量选择晴天进行，以免鱼体冻伤；④注意池水温差不能过大，最好不要超过3℃，即用手试水没有显著差异；⑤放养前鱼池要清整好；⑥鱼种入池前用高锰酸钾浸泡消毒。

三、混 养

混养是八字精养法中的"混"字,指不同种类、不同规格、不同年龄的鱼同塘饲养,目的在于充分利用水体和饵料资源,降低生产成本,提高产量。

成鱼混养,通常有近10种鱼生活在同一池塘内,原则上要求它们之间不相互残杀。池塘养殖鱼类中,乌鳢和鳜鱼是凶猛鱼类,所以放养它们的鱼种个体要小,使其只能吞食小型野杂鱼,并且只可混养在无鱼种的成鱼池中。

多种鱼类混养在一起,由于它们摄食习性不同,能将池塘中的各种天然饵料充分利用,即使对人工投喂的精饲料,由于栖息水层不同,抢食能力不同,也能充分利用,不至于造成浪费。另外,多种鱼类同塘饲养,可取长补短,互惠互利。例如,草鱼、青鱼、团头鲂、鳊鱼等摄食性鱼类的残余饵料和粪便常导致水体变肥,浮游生物增多,而这些鱼都是喜欢清瘦水的,在肥水中,其摄食生长明显受到抑制。混养滤食性鱼类,如鲢鱼和鳙鱼,可以很好地利用池水中的浮游生物和有机物碎屑,既满足了鲢鱼、鳙鱼的食物需要,又可防止水体过肥而对摄食性鱼类带来的不利影响。鲤鱼、鲫鱼、鲴鱼可清除池底的残饵和水生昆虫、底栖动物,从而提高饵料的利用率,改善池塘卫生条件,有利于各种鱼类的生长。所以,我们在混养鱼类时,要充分考虑到每一种鱼类的食性、习性及各种鱼类之间的关系,尽可能做到互惠互利(表5-1)。

表5-1 以草鱼、鲢鱼为主的混养类型模式(中产)

养殖鱼类	放养				收获		
	规格/(千克/尾)	数量/尾	质量/千克	规格/(千克/尾)	毛产量/千克	净产量/千克	占净产/%
草鱼	0.4	100	40	1.5	125	85	21.3
	0.025	140	3.5	0.4	40	36.5	9.1
团头鲂	0.025	300	7.5	0.15	40	32.5	8.1
鲢鱼	0.15	250	37.5	0.6	140	102.5	25.6
	夏花	300	—	0.15	37.5	37.5	9.4

续表

养殖鱼类	放养			收获			
	规格/（千克/尾）	数量/尾	质量/千克	规格/（千克/尾）	毛产量/千克	净产量/千克	占净产/%
鳙鱼	0.154	65	10	0.55	35	25	6.2
	夏花	80	—	0.15	10	10	2.5
鲤鱼	0.033	30	1	0.5	12.5	11.5	2.9
鲫鱼	0.005	100	0.5	0.13	10	9.5	2.4
罗非鱼	夏花	500	—	0.15	50	50	12.5
合计		1865	100		500	400	100

注：①这种模式适用于初学养鱼生产者，采用草鱼、鲢鱼、鳙鱼种套养，基本可解决第二年放养之用；

②以投喂草类为主，辅以少量精饲料，并适当施用部分有机粪肥以调节和改善水质；

③如果商品饵料充足，可加大鲤鱼、鲫鱼、罗非鱼的放养量，产量也会相应提高；

④要有较好的水源条件（水量充沛、水质良好），否则必须配备增氧机；

⑤目前混养中要加大罗非鱼的放养规格。

在混养鱼类中，哪些是主养鱼，哪些是配养鱼一定要清楚，务必做到主次分明。在管理上，无论是施肥还是投喂，都要首先考虑主养鱼。主养鱼种类少，常是1~2种，但数量多。配养鱼在池塘中主要是摄取主养鱼所不能利用的天然饵料和残剩饵料，不影响主养鱼的生长。配养鱼种类较多，常有7~8种，但数量少于主养鱼。

目前，在我国比较普遍的混养方式是以草鱼、鲢鱼为主养鱼的混养类型和以鲤鱼为主养鱼的混养类型。前者在放养数量和产量上，草鱼和鲢鱼约占2/3；在投喂上，以草鱼为主，以草鱼的肥水作用带动鲢鱼生长，搭配团头鲂、鳙鱼、鲫鱼、罗非鱼等作为配养鱼。这种混养类型的特点饵料来源广，养殖成本低，且有很好的鱼货销路，适合广大农村推广养殖。后者主养鲤鱼，投喂配合饲料，养殖成本较高，适合以鲤鱼为消费对象的北方地区。

四、密 养

密养是八字精养法中的"密"字，要求合理密养。密度过大，鱼类排泄物过多，池水过肥，造成缺氧浮头、水质恶化，这就意味着池塘养鱼量已经超过池塘的最大载鱼量，会严重影响鱼类的生长速度和成活率；密度太小，又会造成水体的浪费。要做到合理密养，就要将养鱼量控制在最大载鱼量以下，又不能与最大载鱼量相差太远，而不同池塘的最大载鱼量是有很大差别的。确定池塘的最大载鱼量，提高养鱼密度通常要考虑以下几方面的因素。

（一）池塘条件

条件理想的池塘，能在很大程度上提高放养密度。水源良好、水量充足、能经常冲水的微流水池塘，可大幅度提高养鱼产量。

（二）饵料与肥料供应情况

有良好饵料和肥料的养鱼池，由于残饵和代谢物相对较少，同时水质能在一定程度上控制调节，可在很大程度上增加饲养密度。

（三）鱼的种类与规格

鲤鱼、鲫鱼、罗非鱼对水体低溶氧和肥度有较强的承受力，可加大放养密度，而其他鱼或鱼种由于耐肥力、耐低氧力差，应减少饲养密度。

（四）养殖模式

对饲养种类多且搭配合理的鱼塘，由于池水中相当一部分残饵和过多的浮游生物能被利用，水质能够经常保持清新，可增加养鱼密度。

（五）饲养管理水平

养鱼者经验丰富，管理水平高且机械设备齐全、配套，由于平时能调控水质并及时发现问题、解决问题，可增加养鱼密度。

五、轮捕轮放

轮捕轮放是八字精养法中的"轮"字，其含义是年初多放鱼种，随着鱼体的长大，一年之中分数批将达到商品规格的食用鱼捕出，同时补放部分鱼种（也可不放鱼种），即"捕大留小，捕大补小"。它最大的优点是能做到整个饲养期间池塘鱼类始终保持较合理的密度，可避免初放鱼种时期由于鱼体小、养殖密度小而造成的水体浪费。轮捕轮放同混养、密养一样，都是商品鱼养殖的重要措施，能在很大程度上提高养鱼产量。实施轮捕轮放要注意以下几方面的问题。

（一）轮捕轮放的对象和时间

理论上，凡达到或超过商品鱼标准，符合出塘规格的食用鱼都是轮捕的对象。但在实际操作中，一般主要轮捕鲢鱼、鳙鱼，到养殖后期可轮捕草鱼、罗非鱼等，而青鱼、鲤鱼、鲫鱼等底栖鱼类，通常需要年底干塘一次性捕捞，主要原因是这些鱼类带水拉网很难捕出。轮捕轮放的时间多在6～9月，此时水温高，鱼生长快，如不通过轮捕稀疏密度，鱼类常因水质恶化和水中溶氧量降低而影响生长，鱼产量难以提高。6月以前和10月以后，水温较低，鱼体生长慢，个体较小，一般不轮捕；如果鱼体较大，市场价格好，也可适当轮捕。确定每次轮捕的具体时间：一是要看鱼类的摄食、浮头情况和水质变化情况，来判断池塘的最大载鱼量是否临近；二是根据天气情况，选择一个水温相对较低而池水溶氧量较高的日子轮捕，多在下半夜或黎明时捕捞，以便使鱼货供应早市。

（二）轮捕轮放的方法

轮捕轮放通常有两种方法：一种是一次放足，捕大留小；一种是多次放种，捕大补小。前者多是在早春季节一次将鱼种放够，整个养殖季节只轮捕不轮放，这种方法操作简单，对初级养鱼生产者较为适用。后者在整个养殖季节内，多次轮捕，每捕一次后，就要及时投放新的鱼种，这种方法要求必须有规格合适的鱼种配套供应，具体实施起来困难较多，通常只在养鱼多年的大渔场进行。

(三) 轮捕轮放的注意事项

轮捕轮放应做好 4 项工作。①轮捕轮放的次数不可过多，一个池塘在一个生产季节内的轮捕次数依具体情况而定，但不宜超过 5 次，太多会影响鱼类生长，而且会增加养鱼成本。②捕鱼时间不可过长，尽量减少对鱼体特别是留塘鱼种的伤害。因此，要求工作人员技术熟练，彼此之间配合默契，能在较短的时间内完成捕鱼工作。③天气不好，池水溶氧量低且气温高时严禁轮捕。④捕鱼后要立即加注新水或开动增氧机，以防止鱼类缺氧浮头而死亡，通常增氧机要开到日出后方可停止。

六、施肥投饵

施肥投饵是八字精养法中的"饵"字。饵料是鱼类生长的物质基础。在池塘成鱼饲养上，饵料来源有二：一是直接向池水中投放的天然饵料、人工饵料和配合饵料；二是通过施肥在池塘中培养天然饵料，主要是浮游植物、浮游动物、附生藻类和各种底栖动物，可以说，施肥就是间接投饵。

(一) 池塘施肥

池塘施用的肥料主要是腐熟的有机粪肥，其次是化肥。有机粪肥多为畜禽的粪便，由于有机物含量高，耗氧量大，故宜发酵腐熟后再施用。腐熟有机粪肥的特点是营养全面、肥效长，适合作基肥使用，即年初干塘清塘后一次施足。也可作追肥使用，即在养鱼过程中，随时补充，量少次多，以稳定水质。无机化肥应用较少，它营养单一、肥效快，只能作追肥使用。池塘施肥最重要的化肥是磷肥，因为磷经常是限制池塘浮游植物生长的元素。磷肥在水中易散失，应注意施用方法：晴天上午 9~10 时，将磷肥溶于水中，全池均匀泼洒，使每立方米水体含 15 克过磷酸钙。

池塘施肥要注意 5 个方面的问题。①对于鲢鱼、鳙鱼少而草鱼和团头鲂较多的池塘，要尽量不施肥或少施肥。②阴雨天不能施肥。③施磷肥时最好测量一下池水的 pH 值，因为 pH 值只有在 6.5～7.5 时，磷肥散失量最少。④施肥要和冲水结合起来，以保持水质稳定、溶氧量高，有利于鱼体生长。⑤施肥位置要远离鱼类摄食位置。

（二）养鱼投饵

1. 饵料种类　水草是草鱼和团头鲂最好的天然饵料，它柔软多汁，易消化吸收，如马来眼子菜、苦草、黄丝草、蒲草、轮叶黑藻等沉水植物，在湖区较多；稀脉浮萍、紫背浮萍等在城郊、村旁的死水坑塘较多。陆草对养鱼也有很好的效果，采集时要尽量选择嫩一些的，避免在果园、棉花地等常施农药的地方割取。利用塘埂、空闲地种植黑麦草、苏丹草、大麦、苜蓿等养鱼也很好。各种粮食类饵料，如麸皮、豆饼、豆粕、棉籽饼、酒糟、豆腐渣之类，是饲养鲤鱼、鲫鱼、罗非鱼、草鱼、青鱼的良好饵料。

2. 投喂技术　要使鱼吃饱吃好，除提供优质饵料外，合理投喂也很重要。

在一年的池塘养鱼中，要做到"早开食，晚停食，抓中间，带两头"。对以草鱼、鲢鱼为主养鱼的池塘来说，通常一年之中的投喂大致有这样一个规律：冬季和早春季节水温低，鱼类摄食量小，可在无风的晴天，少量投些精饲料，每平方米水面 3～4.5 克；当水温升到 15℃以上时，投喂量要逐渐增加，多喂些嫩草、菜叶等；水温升到 25℃以上时，要多投草类饲料，辅以少量精饲料，并要搞好水质管理。除此之外，还要处理好各种鱼类之间的平衡问题，使绝大部分鱼年底前达到上市规格。

池塘养鱼的投喂，通常要做到定质、定量，它是我国渔民经过长期实践总结出来的喂鱼方法，对养鱼有很大的指导作用。

首先应把好喂料质量关，草类要鲜嫩，粮食类不发霉变质，投喂时要先青（草类）后精（粮食类），先粗后细。

其次投喂量相对恒定，不让鱼类饥一顿，饱一顿。但这并不是说投喂量是恒定不变的，具体做起来，要根据天气、水质及鱼的抢食情况来决定。一般来说，如果天气晴、气温高、水质好、鱼抢食猛，就要多喂。鱼不抢食，就要少喂，甚至不喂。鱼不摄食，不可强喂，否则不但浪费饵料，而且容易败坏水质，通常情况下 10～15 天调整一次投饵量。

七、防病措施

鱼病防治是八字精养法中的"防"字。做好防病治病工作对池塘养鱼十分重要,俗话说得好"养鱼不瘟,富得发昏",一时疏忽,鱼病就会传染开来,轻则鱼类停止生长,重则会引起大量死亡,给养鱼户带来重大经济损失。生产实践中,鱼病防治应遵守"预防为主,治疗为辅"的原则。现就池塘养鱼防病措施介绍如下,具体每种疾病的防治方法参见第七章。

(一) 做好池塘清整工作

水质好的池塘,鱼很少得病。因此,清整池塘,保持水质良好很重要。一般每年冬季池塘鱼捕捞上市后,要将池水排干,清除过多的淤泥,将池底暴露在空气中日晒和冷冻,可杀死病菌和寄生虫。如果池塘地下水位高,可在鱼种放养前清整池塘,施放生石灰以杀灭敌害生物和野杂鱼。

(二) 鱼种入塘前要进行消毒处理

入塘前对鱼种进行消毒,可杀灭寄生于鱼种体表和鳃部的寄生虫。特别是从外地购进的鱼种,及时消毒,可增强鱼体的适应能力,提高成活率(具体内容参见第七章)。必要时,可结合消毒,请渔业技术人员给鱼种注射疫苗。

(三) 把好饵料质量关

投喂鱼类的天然饵料要求鲜活、细嫩、适口,必要时应绞碎后再投喂;人工饵料要求新鲜,不能发霉变质,有条件的可制成混合饵料投喂。

(四) 改良水质

鱼类终生生活在水中,养鱼塘的水相对自然江河水要肥得多,有机质和细菌含量高,易使鱼类患病,所以改良水质就显得更为重要。水质清爽,溶氧量丰富,鱼类摄食才会旺盛,体质健壮,抗病力强。改善水质通常要通过以下几种途径：经常冲水；合理施肥、投喂，即注意饵料的营养和投喂方法，对非滤食性鱼类为主的池塘要少施肥或不施肥；晴天中午开增氧机 1 次，每月向池塘中泼洒生石灰水 1~2 次，使其含量达到 20~30 克/米^3。

（五）注意日常操作

如果操作不细心，鱼体受伤后，容易感染细菌而得病。因此，平时拉网捕鱼时要注意动作轻快，使鳞片完整、鱼体无伤。

（六）搞好发病季节的防病工作

在池塘鱼病盛发季节来临之前或发病季节中，要注意保持水质良好，特别要注意引用水源的水质，防止敌害生物随水入池。控制投饵数量，提高投饵质量，增加精饲料的比例，并针对病因采用药物治疗（具体内容参见第七章）。

八、池塘管理

池塘管理是八字精养法中的"管"字，要求在整个饲养过程中实行精心科学细致的管理。渔谚："增产措施千条线，通过管理一根针。"说的就是这个道理。

（一）池塘管理的基本内容

1. 经常巡塘，观察鱼类的摄食活动情况 通常每天要分早、中、晚巡视池塘 3 次。天亮时巡塘看鱼有无浮头现象，浮头程度如何；中午前后巡塘可与投喂等工作结合起来，注意测量水温，了解鱼类的摄食活动情况，阴雨天不要投喂；天黑前巡塘主要是了解一下鱼类摄食情况，有无残剩饵料，必要时可将饵料台移出池外。另外，夏季高温时期或连绵阴雨时期，如果池塘养鱼量过多，半夜要巡塘 1 次，以防止泛池现象的发生。

2. 随时除草去污，保持水质清新和池塘环境卫生 要根据水质和水位的情况，经常冲水以保持池水清新，并要经常捞出水中污物、食物残渣，驱散危害鱼类的鸟兽等。

3. 做好鱼病防治工作　鱼病多发季节，结合巡塘经常观察鱼类摄食活动情况，一旦发现死鱼就要及时认真检查，找出病因，采取预防治疗措施，死鱼应妥善处理，可远离池塘深坑掩埋。

4. 加强管理　结合轮捕，定期检查鱼体，并要记好池塘养鱼日志，逐步积累养鱼经验。

（二）防止浮头和泛池

1. 浮头和泛池的原因　在氧气含量比较低的水体中，鱼类呼吸受到抑制，感到不适，就会到水面上来呼吸表层含氧量较高的水，鱼类表现为头朝上尾朝下，口部稍露出水面，鱼体与水面形成一夹角，呼吸频率加大，这种现象称为浮头（图5-1）。浮头进一步发展，致使鱼类窒息死亡，则为泛池。

图5-1　池鱼浮头

浮头和泛池是鱼类对水质恶化的一种反应，其原因不一，但最根本、最主要的原因是由水中缺氧所致。家鱼通常在溶氧量1毫克/升左右时开始浮头，0.5毫克/升时可导致窒息死亡，鲤、鲫鱼稍低些。高产池塘由于鱼类密度大，加上不断投喂施肥，水质条件差，耗氧量大，缺氧浮头时有发生。稍有疏忽，发生泛池，池鱼便会在一夜之间大量死亡，造成重大经济损失，必须引起高度警惕。这也是池塘养鱼日常管理中最突出的工作。

2. 预测浮头　在了解鱼类浮头起因的基础上，可根据天气、水色、鱼类活动情况，正确预测浮头，这对及时采取措施防止浮头发生十分重要。

（1）天气。白天晴朗高温，傍晚下雷阵雨或急剧降温；阴雨连绵，久雨不晴；久晴不雨，在施肥、投喂量较大的情况下，天气突变，这三种天气情况下，一般会有浮头现象发生。

（2）水色。水色浓，透明度小，如遇天气变化易导致浮游生物大量死亡，水中耗氧量大增，会引起鱼类浮头和泛池。

（3）鱼类摄食情况。鱼类在无病情况下，摄食量突然减少，草鱼口衔草满池游动，则意味着池水中溶氧量偏低，不久可能会发生浮头。

如果遇到上述情况，应预料到鱼类将发生浮头，就要提前采取措施，如冲水、开增氧机、不再投喂、停止施肥等。如正常天气，每日清晨鱼类发生轻微浮头，那么在阴雨天肯定要发生较重的浮头，应特别注意。这样的池塘平时要注意改善水质条件，如晴天午后开增氧机、冲水，也可将部分商品鱼轮捕出塘，减少载鱼量。

3. 浮头轻重的判断　一般浮头多发生在夏季天气不好的夜间，位置多在池塘上风处或中央处。因此，在水温高的夏秋季节，应增加夜间巡塘1次，一旦发现鱼类浮头，就要根据其严重程度采取相应的措施。

从浮头开始时间上看，黎明开始为轻浮头，半夜或上半夜为重浮头；从浮头范围上看，仅池塘中央浮头为轻浮头，全池浮头为重浮头；从受惊后的反应上来看，如反应灵敏，稍一听到响声（如击掌或向水中掷小土块）即下沉，一段时间后再上浮，为轻浮头，如反应迟钝，听到响声后几乎无反应，继续浮头不止，则为重浮头；从浮头鱼类上看，罗非鱼、团头鲂浮头为轻浮头，鲢鱼、鳙鱼浮头为中等浮头，草鱼、青鱼浮头为较重浮头，鲤鱼、鲫鱼浮头为重浮头。如果草鱼、青鱼在岸边搁浅，游动无力，体色变浅（青鱼淡白，草鱼微黄），并开始出现死亡，则意味着即将发生泛池。

4. 浮头的解救　对鱼类的浮头，应首先做到提前预测，防患于未然；其次要加强巡塘，及时发现浮头，尽早采取措施。因为浮头早期易解救，晚期浮头严重时，解救困难较大，且很难奏效。

解救鱼类浮头的方法有药物解救和开增氧机、冲水法解救。解救药物用中国科学院水生生物研究所研制的化学增氧剂，效果较好。水泵冲水时，要使水柱贴水面水平冲出，以形成较长的水流。另外，冲水和开增氧机不宜中途停止，要等日出，整个池塘溶氧量上升后，方可停机。

对浮头严重的池塘，工作人员操作时尽量避免池鱼受惊，否则会加速其死亡。

对已经发生泛池死亡的鱼，要尽早捞出，及时处理，把损失降低到最小。鱼类窒息之后，一部分漂浮在水面上，一部分则沉入水底。沉入水底的死鱼，也要设法捞出，否则一旦它们再次上浮后，就已腐烂变质，不能食用，而且败坏水质。

（三）增氧机的种类及使用方法

增氧机是池塘养鱼中非常重要的机械设备，它对解救浮头，改善水质，提高鱼产量有十分重要的作用。

1. 增氧机的种类　增氧机的增氧原理是加大水与空气的接触面积，使空气中的氧溶入水中，所以增氧效果与水和空气接触的充分程度成正比，与水中溶氧量成反比。生产上常用的增氧机主要有喷水式、水车式、叶轮式和涌浪式 4 种。

喷水式增氧机是将水喷向空中，散开落下；水车式增氧机是靠搅动水体表层的水使之与空气增加接触。这两种增氧机对增加水中溶氧量、解救浮头有很好的效果。同时，曝气效果也好，即能很好地使水中溶解气体，如硫化氢、氨等，逸入空气中。但这两种增氧机改善水质的效果均不甚理想，通常在鱼类缺氧浮头前或浮头时开，若夏日晴天下午开，不但不会增氧，反而会使池塘中溶氧逸出，导致溶氧量下降。

叶轮式增氧机和涌浪式增氧机虽然直接增氧和曝气的效果较前两种增氧机差些，但其搅水效果很好，能使池水上升而发生对流，这样可使表层水进入底层，而底层水上升至表层。因表层水含氧量较高，进入底层后可改善底层溶氧状况，使底泥中的有机物迅速矿化分解，为浮游植物提供大量无机盐，对改善水质有很好的效果。夏日晴天中午开叶轮式增氧机或涌浪式增氧机不仅使底层溶氧状况得以改善，表层溶氧经过一下午的光合作用也常会升至饱和点，故对养鱼十分有利。因而，叶轮式增氧机和涌浪式增氧机自然也就成为池塘养鱼中最常用的增氧机械。

2. 增氧机的使用方法　合理使用增氧机可增加池水中的溶氧量，对预防、解救浮头，防止泛池以及改善池塘水质条件，增加鱼类摄食量有很大作用。据统计，在相似条件下，使用增氧机的池塘比对照塘净增产 14% 左右。

通常，增氧机的使用规律是：晴天中午开，阴天清晨开，连阴天半夜开，傍晚不开，浮头早开；半夜开机时间长，中午开机时间短；施肥、天气炎热、水面大则开机时间长，不施肥、天气凉爽、水面小则开机时间短。

高产池塘晴天时，通常清晨鱼类要浮头，开喷水式增氧机对缓解浮头有很大作用；连阴天时，由于白天制造的氧气较少，鱼类浮头要早些，所以要提前至半夜开增氧机。

晴天中午，开动叶轮式增氧机，能够将高溶氧水送至水底，改善底层溶氧状况，而表层水溶氧量下降后，还可通过下午的光合作用来补充，所以中午开增氧机对于改善水质，防止浮头，提高鱼产量十分有益。但若傍晚开机，高溶氧水被送至底层后，氧很快被消耗，而表层水溶氧又不能补充提高（没有光合作用），结果导致整个池塘氧气缺乏，极易引起鱼类浮头，严重时则会发生泛池，给生产带来极大损失。

（四）综合经营，提高池塘养鱼效益

如果池塘单纯饲养常规鱼类，买饲料、肥料、鱼种，投喂管理、出售商品鱼，不仅单调乏味，效益也不会很好，因此有必要以鱼为中心综合经营。综合经营主要有以下三种模式。

1. 鱼牧结合　在鱼塘周围养鸡、鸭或鹅，让这些家禽的粪便及残剩饲料进入鱼池起肥水作用，带动鱼类生长。一般1只鸡所产的粪便可养鱼2千克，1只鸭2~3千克，1只鹅4千克。但要注意，家禽不能饲养过多，以防大量粪肥入池，恶化水质，引起缺氧死鱼。

2. 发展垂钓　有条件的市郊地区，可考虑美化环境，硬化道路，在鱼塘中开展垂钓业务，让钓鱼爱好者在池塘垂钓，按其所钓鱼重量收费。

3. 饲养高附加值水产动物　在池塘中单养或混养高附加值的水产动物，如甲鱼、青虾、河蟹、黄鳝、泥鳅、乌鳢、鳜鱼等，以提高经济效益。

第六章 特种水产动物的池塘养殖

前几章我们介绍了常见鱼类的池塘繁殖和饲养技术，这些鱼类产量高、销量多、市场价格稳定，饲养技术容易掌握，因而养殖风险较小，但同时经营利润也相对较低。目前，随着人们生活水平的提高，对高档水产品的需求量越来越大，而这些高档水产品的野生资源却越来越少，于是其市场价格抬高很快，从而拉动了特种水产养殖业的快速发展。

特种水产动物主要在小水体里饲养，所以也是池塘养殖的一个重要内容。本章简要介绍具有良好发展前景的特种水产动物养殖技术，以便养鱼户在饲养常见养殖鱼类的基础上，考虑转轨经营。

一、中华鳖

中华鳖（图 6-1）又名王八、团鱼、甲鱼，广泛分布于我国各种淡水水体，目前野生资源量很少。

图6-1 中华鳖

(一) 生活习性

鳖不是鱼,它依靠空气中的氧气,用肺呼吸。中华鳖大部分时间在水下活动,游泳速度不快,常在水底爬行。夏天中午会到岸上晒甲,夜间雌鳖会到松软的沙土地带产卵。中华鳖也常到陆地上捕食,属杂食性动物,但更喜欢吃肉类,特别是鱼虾,即使腐烂的它也喜食。中华鳖的活动和摄食受温度影响极大。春天,当水温升到15℃以上时,它才从冬眠中醒来,20℃以上时大量摄食,28~30℃摄食量最大,生长最快。秋季水温降至15℃以下时,它开始冬眠,卧于水底泥中,不食不动,只依靠咽喉部的鳃状组织吸收水中的溶氧。1年中鳖只有半年摄食生长时间。因此,在自然状态下,4年以上的中华鳖才能达到性成熟,体重500克以上。

中华鳖胆小,喜静怕惊,喜洁怕脏,喜阳怕风。中华鳖性情凶猛,彼此之间经常打斗,致使满身伤痕,小鳖有时会被大鳖咬死,甚至吃掉。

(二) 养殖技术

中华鳖养殖场的规模可大可小,但每个养鳖场必须有孵化室、稚鳖池、幼鳖池和亲鳖池。孵化室要阳光充足,温度较高。稚鳖池用以饲养当年孵出的鳖,通常面积为10~30米^2,深0.5~0.8米(水深0.2~0.5米),池中建食台1个,有斜坡通向水中,以利稚鳖攀爬。幼鳖池用以饲养第二年和第三年的幼鳖,面积50~200米^2,深0.8~1.2米(水深0.5~1米),四周建0.4米高的防逃墙,防逃墙与水面之间要留有陆地,以利幼鳖上岸晒甲、摄食。成鳖池主要用于饲养3龄以上的商品鳖,面积在500~2 000米^2,深1.5米(水深1米以上),结构和幼鳖池相同。亲鳖池可大可小,一般不小于500米^2,结构同成鳖池相差不多,只是陆地上要铺细沙,以利上岸雌鳖扒窝产卵。

中华鳖的雌雄区别较大。雄鳖甲长圆形,尾较长,露在裙边外;雌鳖甲近圆形,尾短,不露出裙边外。亲鳖个体重应在1.5~3千克,且体质健壮,无病无伤。按雌雄3∶1的比例每平方米水面最多放500克。亲鳖入池后,应及时投喂动物性饵料,如鱼、虾、螺、蚯蚓等,配合饵料的粗蛋白质含量应在 40%～50%。当水温在 22℃以上时，中华鳖开始产卵。由于雌鳖在深夜产卵，所以清早应仔细观察，根据鳖爬的痕迹确定埋卵地点，做下记号，统一收取。受精卵 8～24 小时后卵壳上出现白点，若白点不明显、不变大，则是未受精卵。将受精卵埋在盛沙的容器中，沙的含水量保持在 10%左右，即手握成团，一碰即散，温度保持在 22～38℃（最佳为 30～35℃）约 2 个月，稚鳖可孵化出壳，孵化率常在 80%左右。

刚孵出的小鳖体重 3～5 克，身体小，抵抗力差，易死亡，因此必须精心喂养。通常每平方米水面可放稚鳖 50～60 只，投喂易消化的红虫、蚯蚓或绞烂的鱼虾肉。在管理上要及时换水，换水时注意水源水温与鳖池水温相差不能大于 2℃，同时要根据鳖的生长情况，及时按大小分开饲养，并防止敌害生物危害稚鳖，争取入冬前稚鳖体重达 15 克以上。

幼鳖饲养密度控制在每平方米水面 10 只以内，尽量喂鱼虾，也可投配合饵料。争取第二年入冬前每只鳖体重达 60 克，第三年秋季达到 200 克。

成鳖最好能做到鱼、鳖混养，在普通养鱼池的池埂上建防逃墙，即可饲养成鳖。若以养鳖为主，则多投肉类饵料；若以养鱼为主，则不必专门为鳖投喂饵料，让它自己觅食水中的螺、蚌、病鱼虾等，但放养数量不可太多。这种饲养方式，成本低，病害少，值得推广。

目前很多地方采用室内加热的恒温养鳖法，使气温、水温保持在 28～30℃。在这种环境中，鳖不再冬眠，只要饵料充足适口，出壳 1 年后体重即可达到 500 克，大大缩短了生长期，但成本较高，适宜饲养稚、幼鳖。成鳖以自然养殖为好。

（三）鳖病防治

鳖生命力强，自然状态下很少患病。在养殖环境中，由于密度大、水质差，加上相互打斗，其患病机会增多。

预防鳖病要注意两个问题。①放养前用生石灰对鳖池彻底消毒，放养后要经常少量泼洒生石灰水。②稚鳖换池时用 2.5%食盐水洗浴，幼鳖、成鳖用高锰酸钾溶液（每立方米水体放 100 克）浸洗 5～10 分钟。

鳖主要有以下几种常见病。

1. 红脖子病（大脖子病、肿颈病）

【病原】 嗜水气单胞菌嗜水亚种。

【症状】 病鳖反应迟钝，身体消瘦，行动迟缓，腹部有红色斑点，继而脖子肿胀、发红，不能缩入背、腹甲中。有时全身肿胀，口鼻出血，眼白而失明，大多在上午上岸晒背时死亡。

【危害及流行情况】 本病为常见恶性传染病，能引起成批死亡，各种规格鳖均可感染，成鳖更为严重。

【治疗方法】 ①外用滨阳高碘（以碘计，含量 1.8%～2%的复合碘溶液，每立方米水体用 0.1 毫升）或其他温和型消毒剂，全池均匀泼洒，每天 1 次，连用 2～3 次。②同时内服滨阳富康（10%氟苯尼考粉，每千克鱼体重用药 100～150 毫克）或狄诺康（10%恩诺沙星，每千克鱼体重用药 100～200 毫克），拌料投喂，每天 2 次，连用 5～7 天。

2. 腐皮病

【病因】 相互咬伤后感染病菌引起。

【症状】 病鳖四肢、颈部、尾边和甲周围皮肤糜烂，周围红肿，严重时骨骼外露，以至脚爪脱落。

【危害及流行情况】 本病常年发生，各地均有，病鳖生长减慢，严重时死亡。

【防治方法】 注意保持水质清洁，减小放养密度，及时投喂，大、小鳖分池饲养。治疗方法参见红脖子病。

二、河 蟹

河蟹（图 6-2）又名毛蟹、大闸蟹，学名中华绒螯蟹，自然分布于我国东部通海的淡水水域，以湖泊较多。各地所产蟹种并不完全一致，以长江蟹生长最快，抗病力强。

(一) 生活习性

河蟹是甲壳动物，其生命活动中很重要的一项内容就是蜕皮。河蟹在河口地带繁殖，交配后雌蟹抱卵孵化，刚孵出的为蚤状幼体，在海水中浮游生

图 6-2 河 蟹

活,经 5 次蜕皮后变为大眼幼体;它能爬喜游,借水流向河口移动,进入淡水后,经 1 次蜕皮,变成幼蟹。幼蟹不再游泳,喜爬,在河流中逆水而上,逐步进入湖泊定居下来,掘穴而居,昼伏夜出,以各种水生动植物为食,死亡腐臭的鱼虾也喜欢吃。入秋前体重近 10 克。冬季冬眠,不食不动。第二年继续摄食生长,秋季可达 100~250 克,成群结队随水流入海,进行繁殖。

河蟹虽用鳃呼吸,但离水后其鳃腔中能保存一定量的水分,使鳃丝湿润,所以长时间离水也能不死。河蟹性情凶残,同类之间经常为抢食争斗,掉足断腿是常事。但河蟹有再生的本领,断腿不久蜕皮即可再长出新腿,只是比原来的略小。蜕壳新蟹体软力弱,常被其他蟹所食。另外,河蟹的陆地攀爬能力很强,养殖河蟹防逃很重要。

(二) 养殖技术

池塘养殖是目前最重要的河蟹养殖方式。根据河蟹的生活习性,常把河蟹养殖分为蟹种培育和成蟹饲养两个阶段。

1. 苗种培育 把蟹苗(即大眼幼体,每千克约 15 万只)饲养 2~5 个月,使之达到 7~8 克,供第二年养殖成蟹用。蟹苗由于体小力弱,在放入池塘前应在小土池或水泥池中饲养。小型土池面积 10~50 米^2,水深 0.5~1 米,池周围用塑料板或玻璃板建防逃墙。也可在平地上挖一浅池,覆以塑料薄膜,注水后放入水草,周围用土围住,既防渗又防逃,经济方便。每平方米水面放蟹苗 500 只,最初投喂蛋黄,均匀洒于水草上,每日喂量约为蟹苗重量的 2 倍。蟹苗蜕皮 1 次后,可投喂新鲜的红虫或绞烂的鱼虾肉,甚至豆渣等,全池均匀泼洒。管理上注意保持水质良好,及时换掉腐烂的水草。1 个月后,可移入池塘进行正常幼蟹培育。幼蟹池 300~600 米^2,深 1 米左右,周围建防逃墙。放养蟹前将淤泥全部清除,彻底清塘,栽种水草,池底可铺部分瓦片。注水深0.8米，每平方米水面放养幼蟹12~15只。幼蟹饲养投料不要太精，应多投些粮食类饵料，如豆饼等，少投肉类饵料，以免使幼蟹生长过快，当年达到性成熟。部分饵料可在夜间投在岸上，让幼蟹上岸来觅食，能避免污染水质。管理上应注意调节水质，经常注水。幼蟹入冬前体重要控制在5~10克。

2. 成蟹饲养 成蟹饲养是指在幼蟹越冬后第二年的饲养，用普通池塘即可。面积600~2 000米^2，池深1.5米，四周建防逃墙。同幼蟹池一样，放养前要清池种草，如伊乐藻等。幼蟹放养密度每平方米水面2只左右。这一阶段要喂足喂好，使幼蟹充分生长，最好秋季能达到150克以上。成蟹养殖产量固然很重要，规格更要十分重视，因为河蟹规格越大，售价越高。所以，这一时期要多投些动物性饵料，如鱼虾肉、田螺等，使其快速生长。在管理上，要经常注水，保持池中有一定数量的水草。并要及时巡塘，发现刚蜕壳的软蟹，可单独饲养，待壳硬化后放回原池。

（三）蟹病防治

河蟹的病害很少，管理上要保持水质清爽，每月泼洒生石灰1次，每次每平方米水面用7~8克；同时注意水草的生长情况，防止水草病虫害及水草老化，及时清除多余水草。

三、罗氏沼虾

罗氏沼虾（图6-3）又名马来西亚大虾。原产于印度洋和太平洋热带地区淡水或咸水水域，1976年引入我国。

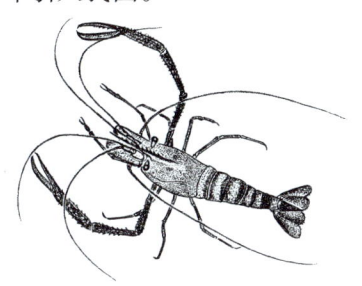

图6-3 罗氏沼虾

（一）生活习性

罗氏沼虾外形同我国淡水中常见的青虾差不多，但个体要大得多。雄虾体长能达 40 厘米，重 600 克；雌虾体长达 25 厘米，重 200 克。罗氏沼虾多在水底生活，昼伏夜出。喜清澈微流水，对低溶氧适应力较差，生存水温为 15~38℃，适宜水温为 25~30℃。食性很广，水生动植物、粮食类饵料等几乎无所不食，饵料不足时，也有大虾吃小虾的现象。罗氏沼虾生长快，当年繁殖的虾苗，经 5 个月饲养，体重可达 20~25 克，第二年继续饲养，雄虾体重可达 200 克以上，雌虾可达 100 克。罗氏沼虾在咸水中繁殖，受精卵也要在有一定盐度的咸水中才能孵化，孵出的蚤状幼体应在盐度为 8‰~12‰ 的水中发育，期间历经 11 次蜕皮才变为仔虾，这给人工繁殖带来一定难度。

（二）养殖技术

罗氏沼虾仔虾淡化后成为幼虾在淡水中生活，进入饲养阶段。罗氏沼虾的饲养分为幼虾培育和成虾饲养。

幼虾培育最好用水泥池，面积 10~20 米^2，水深 1 米。经消毒试水后放入虾苗，按每立方米放 200~300 尾，培育时间为 1 个月左右。虾苗体弱，抢食力差，应均匀、及时投喂轧碎的花生饼、豆饼、鱼肉等，有条件的可投喂颗粒饵料。在管理上应保持水质良好，溶氧量较高，透明度大。也可在池底放部分瓦片、贝壳等，以利于幼虾隐蔽蜕壳。

幼虾长到体长 3~4 厘米时，应及时捕出，放入成虾池饲养。成虾池多为土池，面积为 600~1 300 米^2，水深 1~1.2 米。放养前，用生石灰彻底清塘，并在池底铺设部分砖头、瓦块作隐蔽物。放养密度掌握在每平方米水面 12~15 尾。为防止饵料散失，饲养罗氏沼虾最好投喂沉性颗粒饵料，并辅以绞碎的田螺、鱼肉、蚯蚓等。管理上注意保持水质清爽，经常冲水，一般当年可达上市规格。有条件的地方可用温水使罗氏沼虾安全越冬，第二年继续饲养，可加大上市规格，提高商品质量，取得更好的经济效益。

（三）虾病防治

同河蟹一样，只要加强水质和底质管理，罗氏沼虾的疾病也很少。

四、青　虾

青虾（图6-4）学名日本沼虾，又名河虾，在我国分布很广，以河北省白洋淀、山东省微山湖和江苏省太湖所产的最有名，国外分布于日本和东南亚。青虾适应能力强，具有食性杂、生长快、繁殖简单等特点，加上市场需求旺盛，养殖前景广阔。

图6-4　青　虾

（一）生活习性

自然条件下，青虾在湖泊中较多，常常在沿岸浅水缓流、水草多的地带活动。冬季在水位较深的地方越冬。青虾生长最适温度为20～30℃，繁殖适宜温度为26～28℃，水温降至8℃以下时进入越冬期。青虾喜昼伏夜出，白天多潜伏在岩石、水草等阴暗处，晚上在水底、水草丛中攀缘爬行，寻找食物。青虾食性很杂，水中的有机物几乎都在其食谱之中，摄食高峰期有两个，第一个在4～6月，尤以4月为盛；第二个在8～11月。青虾不耐低氧，其对溶氧的要求远高于我国常见养殖鱼类。

青虾个体较小，每年5～6月孵出的虾苗，在7～8月体长可达3厘米，进入第一次性成熟。青虾产卵适温在18℃以上，最适水温为26～28℃，产卵期一般是4～10月，6～7月为产卵盛期。4～6月产卵的虾都是越冬虾，7～8月产卵的虾有越冬虾，也有当年新虾，9月或以后产卵的虾往往都是当年新虾。青虾产卵间隔时间为20～30天。雌虾交配前必须蜕皮，并在24小时内甲壳硬化前完成产卵，产出的卵黏附在其腹部刚毛上，此时的虾被称为抱卵虾。青虾的抱卵数与体长有密切关系，一般体长4.5厘米以上的虾，抱卵数为1 500~4 000粒；体长4.5厘米以下的虾，抱卵数为700~2 000粒。水温25℃左右时，约20天孵化出蚤状幼体离开母体，并开始摄食。经8次蜕皮，变态发育为仔虾。

同其他虾类一样，青虾也必须通过蜕皮才能生长，早期雌雄青虾的生长速度相差不大，3厘米后，雌虾的生长速度明显慢于雄虾。最大的雌虾体长为8厘米，体重7克左右；最大的雄虾体长为9.5厘米，体重达12克。青虾的寿命只有14~15个月。

（二）养殖技术

青虾的养殖技术比较简单，一般养殖户可在池塘中完成人工繁殖、苗种培育和成虾饲养三个阶段。

1. 人工繁殖 用于繁殖的亲虾，可从天然水体中捕捞的健康虾中挑选，也可以在养虾塘中挑选，但要求雌虾体长在5厘米以上，雄虾规格要更大一些。雌雄青虾的区别是：雄虾个体较大，尤其是第二步足常超过虾体的长度，明显比雌虾的粗壮。选好的亲虾按照（3~4）:1的雌雄比例放入繁殖池中。繁殖池最好是水泥池，面积30~50米^2，水深1米左右，共放5~8千克亲虾。亲虾入池后，可放部分水草供亲虾栖息，并要加强投喂管理，经常冲水，保持水质清爽，每天傍晚投喂1次精饲料。不久，青虾就会自然产卵、抱卵。

2. 虾苗培育 虾苗培育池面积667~2 000米^2，水深1米左右。虾苗放养前要进行严格的清塘消毒，进水口要用密眼网封拦好，防止野杂鱼和其他敌害生物随水进入。在虾苗培育池中设置一些网箱，网箱用大眼窗纱制成，规格为100厘米×50厘米×80厘米，安装成敞口浮动式，网箱上部有0.3米露出水面，以防亲虾外逃，箱内放部分水草。将繁殖池内的抱卵虾移入网箱中，放养密度为100~200尾/箱，每日下午投喂少量豆饼或配合饲料。在水温20~26℃时，经6~8天可孵出蚤状幼体。蚤状幼体孵出后可经网眼进入虾苗培育池中。另外，也可不设网箱，让亲虾在繁殖池内抱卵孵化，待蚤状幼体孵出后，在上午光线较好时，用80目捞网将幼体捞出，移至培育池，放养密度为每亩水面 40 万～60 万尾。后一种方法简单省事，但成活率低。

青虾幼体下池后如果天然饵料不足，除抓紧养好水质外，每天还必须投喂部分豆浆。几天后，改喂水蚤等，如果水蚤供应不足，也可用其他精饲料替代。经 1 个多月培养，体长达 1.5～2 厘米时，即可起捕分塘，进行成虾养殖。如果繁殖季节晚，幼虾规格较小，也可到第二年春天再移入成虾池饲养。

3. 成虾饲养　池塘饲养是青虾的主要养殖方式。由于青虾对水质和溶氧的要求高于常见养殖鱼类，所以在鱼池中一般不能混养青虾，但在青虾池中放养少量鲢鱼，用以控制水的肥度，效果还是不错的。

成虾池面积以 2 000～3 300 米^2 为好，水深 1～1.5 米。放养前，用生石灰清塘，待药性消失后，在虾池中栽种水草。每亩水面放 2 000～3 000 尾/千克的幼虾（越冬后的幼虾）2 万～2.5 万尾，另外放 13 厘米左右的鲢鱼 60～80 尾，这样经 150 天左右的饲养，可产鱼虾各 100 千克。在整个青虾饲养过程中，除注意保持水质良好外，每天傍晚还要投喂 1 次，饵料就地取材，以粮食饵料为主，如米糠、豆饼、酒糟等，如能投喂枝角类和绞碎的螺蛳、蚯蚓就更好了。青虾非常贪食，一旦撒下饵料，便迅速聚拢来抢食，而且吃得很快，吃饱后多半就游开了。饵料一般要撒在岸边，这样便于观察青虾的摄食情况。

五、南美白对虾

南美白对虾（图 6-5）学名凡纳对虾，又称白肢虾、白对虾，是广盐性热带虾类，原产于美洲太平洋沿岸水域，主要分布于秘鲁北部至墨西哥湾沿岸。1988 年 7 月，由中国科学院海洋研究所从美国夏威夷引入我国。南美白对虾外形似中国对虾，但抗病力强，适合淡水饲养。另外，它还具有个体大、食性杂、生长快等优点，是高产的优质虾类，也是目前我国的重要养殖虾类。南美白对虾壳薄，体肥，肉质鲜美，含肉率高，但收获后耐活力较差，所以大多速冻后上市。

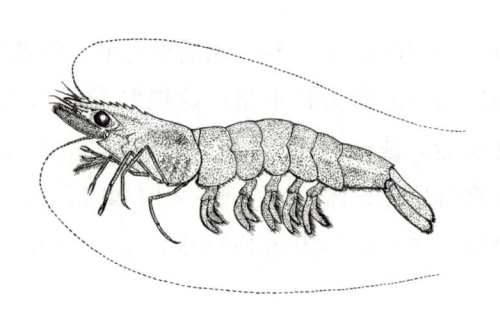

图 6-5　南美白对虾

（一）生活习性

自然情况下，南美白对虾常栖息在泥质海底，白天多匍匐爬行或潜伏在海底表层，夜间活动频繁，喜静怕惊，受惊后常频繁跳跃。幼体随海流浮游，仔虾常聚于河口附近，随虾体的长大，逐渐移栖至近岸浅海区，长至8～9厘米后，便移向深水水域中栖息。

南美白对虾成体最长可达24厘米，呈浅青灰色，没有明显的斑纹。南美白对虾生存水温为9～40℃，水温低于15℃时摄食活动受到影响。适宜的生活水温为25～30℃，盐度为28‰～34‰，pH值为8左右。南美白对虾对饵料蛋白质的要求不高，平均寿命3年以上。

南美白对虾人工养殖适盐范围广（0‰～40‰），从自然海区到淡水池塘均可生长，是"海虾淡养"的优良品种。

（二）养殖技术

南美白对虾的性情相对温和，彼此间的打斗要明显少于罗氏沼虾和青虾，因此养殖产量也要高于这两种虾。南美白对虾的养殖方法同罗氏沼虾和青虾有很多相似的地方，但在整个养殖过程中仍要特别注意以下几点。

1. 做好放苗前的准备工作　南美白对虾的虾苗必须完全淡化后才能在池塘中正常饲养。在虾苗放养前15天左右进行清塘消毒工作，每亩放生石灰150千克，5天后进水至30厘米深，必要时施适量基肥，以培肥水质。水质调好后，先放少量充分淡化的虾苗试水，如没有异常，再大量放养。虾苗的放养成活率非常关键，必要时，可请供苗商代为调水放苗。虾苗放养1周后，考虑搭配混养一定量的 13 厘米的白鲢鱼种,来控制水质。

2. 虾苗一次放足,确保产量 池塘放养的南美白对虾虾苗规格多在 2 厘米以上,一般情况下,南美白对虾养殖成活率在 80% 左右,1 万尾苗约产商品虾 100 千克。要想降低市场风险,就必须提高养殖产量。目前,每亩产量达到 200 千克以上时,才能保证较理想的收益。所以,最好每亩放养南美白对虾淡化苗 3 万～4 万尾,即便成活率只有 50%,也能保证较高的产量。另外,同一塘中要放同一批虾苗,否则规格差异大,也会引起彼此间的争斗,影响成活率。放苗后每天加新鲜水提高水位 5 厘米左右,1 周后虾苗完全适应新的淡水环境,以后再随着气温升高,不定期加注新水,到夏季高温时,确保养殖水位达到 1.5 米以上。

3. 合理投喂,提高抗病能力 南美白对虾养殖前期的投喂要求少而精,除培肥水质保证虾苗下塘时有充足的天然饵料外,还应投喂适量高档饵料(如虾片等)。经过 1 周的适应期后,以投喂破碎的粮食饵料或养虾专用配合饲料为主,投喂时宜全池撒料,保证虾苗都能得到充足的饵料。当虾苗长到 3 厘米时就应投喂颗粒饵料,应投喂在池塘四周浅水带,以便于观察虾的摄食情况。在虾的体长达到 7 厘米以前,每天投喂 2 次,上午 8～9 时 1 次、下午 5～6 时 1 次;规格达到 7 厘米以后,每天投喂 3～5 次。另外,为增强南美白对虾的抗病能力,应定期投喂高效、无残留的药物,如大蒜素、免疫多糖等。

4. 调控水质,科学管理 当池塘中每亩水面的南美白对虾总量达到 200 千克以上时,就应考虑配备增氧机,一般每 2 000 米^2 配备 1.5 千瓦增氧机 1 台。在夏秋生长高峰季节,每天凌晨 2 时左右开机 1 次,天气闷热时可提前开机,开机时间应保持在 1 小时以上。天气晴朗时,可在下午开机 1 小时,保持水体中溶氧的均衡分布。在生长旺季,由于大量投喂饵料,水质可能很快变坏,常规的做法就是大量换水,这就要求要有充足的水源。如果水源水量不足,就要考虑采用微生物制剂控制水质。微生物制剂能有效分解有机质,降低水中氨氮、亚硝酸盐和硫化氢的浓度,保持水质稳定。用法、用量可参见相关产品说明书。

5. 轮捕出塘,提高产量 5 月底至 6 月初放养的南美白对虾虾苗,到 8 月已经有一部分达到商品规格,且此时市场价格相对较高,可采用地笼等工具捕捞。常在清晨4时放笼，1小时后收笼。将小规格的虾放入池塘继续饲养，大虾投放市场。捕捞数量根据销量而定，收捕的南美白对虾可放入有增氧设备的网箱内暂养，等待出售。

六、小龙虾

小龙虾（图6-6）学名克氏原螯虾，原产于北美洲，1918年由美国引入日本，1929年由日本引入我国，最初主要分布于长江中下游地区，现已扩展至黄河、珠江中下游地区。小龙虾对环境的适应性非常强，能在池塘、河沟、湖泊、沼泽等水体中生长繁殖，甚至在一些鱼类难以存活的水体中也能存活，这是其他虾类无法相比的。小龙虾繁育技术简便，饲养容易。近年来，该虾在市场上供不应求，价格不断攀升。

图6-6 小龙虾（抱卵）

（一）生活习性

小龙虾对水环境要求不严，在pH值为5.8～8.2，温度为0～40℃，溶氧量不低于1.5毫克/升的水体中都能生存。在水体极度缺氧时，它能爬上岸躲避，而且可以借助水中的漂浮植物或水草将身体侧卧于水面，从表层水中吸收氧气。小龙虾生长最适宜的水体pH值为7.5～8.2，水温为20～30℃，溶氧量为3毫克/升以上。

小龙虾喜温怕光，有明显的昼夜垂直移动现象，白天一般沉入水底阴暗处或躲藏到洞穴中，天黑时开始外出活动，傍晚和黎明前最活跃。小龙虾有掘洞的习性，而且掘洞速度很快，洞穴深度常在50～80厘米，洞口位置在水平面附近较多，常集中在水面上下20厘米处。

小龙虾是杂食性动物，各种鲜嫩的水草、底栖动物、鱼虾和动物尸体都是其喜食的饵料，对人工投喂的饲料也很喜爱。小龙虾非常贪食，饵料不足时会同类相残，以大吃小，正在蜕壳或刚蜕壳的软壳虾最易被蚕食。夏秋季节，有时能够看到它们在下风处聚集，将口器置于水平面处，用两只大螯不停划动水将水面漂浮的藻类送入口中。

小龙虾9～12月龄开始性成熟，体重一般在30克以上。4月下旬至7月交配，群体交配的高峰期在5月。交配前雌虾先进行蜕皮，约2分钟即可完成。交配时雌虾仰卧水面，雄虾在其上以螯足钳住雌虾前螯，步足抱住雌虾将交配器插入雌体，交配时间10～30分钟。交配后3～10小时，雌虾开始产卵。小龙虾1年可产卵3～4次，每次产卵300～800粒，卵径2毫米左右。受精卵黏附在雌虾腹肢上孵化发育。

同其他虾一样，小龙虾是通过蜕壳来完成生长的。在水温适宜、饵料充足的条件下，虾苗经3～4个月的生长，体长可达8～12厘米，体重达15～20克，最大可达30克以上。

（二）养殖技术

1. 人工繁殖 生产上，多在3～4月选择亲虾。亲虾要求附肢齐全，体质健壮，体色鲜亮，体重30～50克。将选择好的亲虾按（2～3）∶1的雌雄比例放进培育池中。小龙虾雌雄在外形上区别明显：①达性成熟的虾，雄性个体明显大于雌性；②雄性虾螯足明显比雌性的粗大；③雄性虾腹部有棒状的交配器，雌性没有。

小龙虾亲虾培育池面积以667～1 334 米^2 为宜，水深1米左右，池埂宽1.5米以上，池四周用塑料薄膜或钙塑板搭建防逃墙。放养前7～10天池塘用生石灰干塘消毒，之后注水1米，并在池中放些供虾攀缘栖息的隐蔽物，如树枝、树根、竹筒等，移栽一些水草。每亩水面的亲虾放养量为40～50千克，同时可混养鲢鱼、鳙鱼50～100尾。培育期间，保持水质良好，每天早、晚各投喂1次，以傍晚为主，占日投喂量的70%。

水温20℃以上时，小龙虾开始交配，受精率在98%左右。受精卵在雌虾腹部孵化，孵化率达80%～85%。孵化后的仔虾在母体保护下完成幼虾阶段的生长发育。幼虾离开母体后,能很好地独立生活。当发现亲虾池中有大量幼虾出现时,应及时捞取,移入虾苗培育池。

2. 虾苗培育 虾苗(幼虾)培育不难,但小龙虾的产卵量少,所以提高虾苗成活率就显得比较重要。提高虾苗成活率,关键需要做好3点:①虾苗放养前要彻底清塘,饲养过程中保持水质清新,溶氧充足,进水口加密眼过滤网,防止敌害生物入池;②水底最好种植水草,增加虾苗蜕壳附着物,也便于检查掌握虾的生长情况;③及时投喂,饵料最好是枝角类,粮食类饵料也可以。

很多养虾户并不进行专门的虾苗培育,而是直接将虾苗投入池塘进行成虾饲养。

3. 成虾饲养 饲养塘以面积 2 668~6 670 米^2、水深 1~1.5 米为好。小龙虾逃跑能力较强,通常用塑料薄膜或钙塑板,沿池埂四周用竹桩或木桩支撑围起,作为防逃墙。虾种放养前20天,要清塘、施肥,最好在池内栽种轮叶黑藻、马来眼子菜等水生植物,并架设网片或设置竹筒、塑料筒等,以供虾栖息、蜕壳、隐蔽。

小龙虾可以采用以下几种养殖模式。

(1) 夏季放养。时间在7月中下旬,放养当年孵化的第一批虾苗,规格应在0.8厘米以上,每亩放养3万~4万尾。

(2) 秋季放养。放养时间为8月中旬至9月,以放养当年培育的虾种为主,规格在1.2厘米左右的,每亩放养2.5万~3万尾;规格在2.5~3厘米的,每亩放养1.5万~2万尾。这些虾少部分年底可达上市规格,大部分要到第二年6~7月才能起捕上市,每只商品虾重25克以上,一般每亩产300~400千克。

(3) 冬春季放养。在每年12月或第二年3~4月放养,放养当年不符合上市规格的虾,每亩放养1.5万~2万尾。经过冬春季养殖,到6~7月起捕上市,每只商品虾重可达30克以上,每亩产400~500千克。另外,要特别注意,同一池塘放养的虾苗、虾种规格要一致,且要一次性放足;适当混养一些鲢鱼和鳙鱼,可改善水质,充分利用饵料资源。

小龙虾的饲养管理很简单,只要注意水质和投喂就可以了。商品虾一般在6~7月和11~12月集中捕捞。先用地笼网、手抄网等工具捕捉，最后再干池捕捉。也可以捕大留小，常年捕捞。商品虾通常用泡沫塑料箱干运，运输时保持虾体湿润，不要挤压，运输成活率非常高。

七、黄 鳝

黄鳝（图6-7）又名鳝鱼、长鱼，在我国除青藏高原外，全国各水系都有出产，但以长江流域资源最丰富。黄鳝肉质鲜美，营养丰富，具有较高的药用价值，目前在国内外市场价格较高。以前，黄鳝自然资源十分丰富，但由于大量捕捉等原因，野生黄鳝资源急剧减少。有专家预言，数年后黄鳝将可能步中华鳖、河蟹、鳗鱼的后尘，由于野生资源奇缺而只能主要依靠人工养殖供应市场。

图6-7 黄 鳝

（一）生活习性

在自然环境中，黄鳝一般栖息于浅水区，经常将口伸出水面，呼吸空气。这是因为黄鳝的鳃退化严重，多靠口咽腔上的微血管从空气中吸收氧气。黄鳝喜洞穴生活，且对洞穴依赖性很强，常常在底质较软的水域打洞穴居，如果底质坚硬，黄鳝就利用天然洞穴栖居，否则会移居他处。黄鳝是典型的肉食性鱼类，视觉不发达，主要靠嗅觉觅食，通常晚上出洞觅食，发现食物先嗅一嗅，如果是可食的小型食物，则张口吸入吞下，如果食物较大，则咬住食物全身快速旋转，将食物拧断后吞入。黄鳝最喜欢的食物有蚯蚓、河蚌肉、螺肉、蝇蛆、小鱼虾等，不会摄食腐败发臭的食物。

黄鳝生存的水温为1~32℃，适宜水温为15~30℃，最适水温为22~28℃。当水温低于15℃时，黄鳝摄食量明显下降，10℃以下时，停止摄食。在自然条件下，黄鳝的生长是很慢的，一般5~6月孵出的小鳝苗，到年底体重仅 5～10 克，第二年年底 20～30 克，第三年年底 50～100 克，第四年年底 100～200 克，第五年年底 200～300 克。体重 500 克的野生黄鳝一般在 12 年以上，且极为少见。在人工养殖条件下，黄鳝的生长速度要快得多。

黄鳝第一次性成熟时都为雌性，但产卵以后，其卵巢就会慢慢转化为精巢，能够产生精子而变为雄性，以后不再改变，这种现象在生物学上称为性逆转。一般野生黄鳝体长在 24 厘米以下时都是雌性，体长 42 厘米以上的都是雄性，24～42 厘米的有雄性也有雌性，也有不能繁殖的雌雄间体。黄鳝是一种产卵量较少的鱼类，每条雌鳝仅怀卵数百粒。每年春季，性腺发育成熟的黄鳝常在洞穴附近吐泡为巢，然后雌鳝将卵产于其中。与此同时，雄鳝排出精液，受精卵借助泡沫浮力在水面孵化，整个孵化过程由雄鳝看护，直到鳝苗卵黄囊消失，能自由觅食为止。

（二）养殖技术

黄鳝怀卵量少，出苗率低，而且催产药物用量大，操作技术性较强，进行全人工繁殖的成本太高，所以目前国内尚没有大批量的苗种生产，饲养的鳝苗来源基本依靠野生资源。下面我们主要谈谈商品鳝饲养中存在的问题。

从生活习性上看，黄鳝有 5 个养殖特点：①黄鳝对水质的适应性强，一般不会缺氧死亡，因而饲养密度高于常见养殖鱼类；②黄鳝食性特殊，对食物选择性极强，应切实解决好饲料供应问题；③黄鳝苗种基本依靠野生资源，鳝种的质量问题是养殖成败的一个关键因素；④黄鳝的捕捞也同一般鱼类不一样；⑤黄鳝对洞穴依赖性极强，不能在深水栖居，鱼池建设也同其他鱼类不一样。

成鳝养殖池可以是水泥池，也可以是土池。土池面积在 30～50 米^2，最大不宜超过 100 米^2，这样可以按照大小分级饲养，便于管理；池深 60 厘米。水泥池可以小一些、浅一点，在离池口约 30 厘米处设置溢水管（管径 5 厘米左右），若池较大，可多设几个溢水管，以防下雨水位上涨引起黄鳝外逃。黄鳝池应铺有适宜黄鳝打洞的软泥或堆积足量的瓦片，支出缝隙供黄鳝栖居。黄鳝池的水位应基本保持在 10～15 厘米，盛夏季节为防止水温过热，池上应搭建遮阳网。

黄鳝虽然耐肥水能力很强，不容易缺氧死亡，但鳝种放养量也不可过大，出产量以控制在每平方米水面8~10千克为宜。黄鳝的生长速度很不一致，常受产地、年龄和环境条件等多种因素的影响。条件理想时，5~6月孵化的鳝苗养到年底，体重可达40克左右，达到商品规格，但一般不要上市，应作为鳝种，第二年继续养殖；到秋末可达150~200克，第三年可达350克左右，可上市出售，这样的黄鳝规格大，价格高，养殖效益自然就好。另外，鳝种放养规格要一致，避免大鳝抑制小鳝生长，甚至导致大吃小。

黄鳝种苗的来源也是一个重要问题。市场上的黄鳝来源比较复杂，有笼捕和手捉的，也有电捕和钓捕的，等等。有的黄鳝在出售之前就经历过长时间高密度的存放，如果购买这些黄鳝作为鳝种，死亡率都很高，有时高达80%以上。一般的做法是寻找可靠的鳝种来源，或者将鳝种放入浅水池观察，将游动异常和体表有伤的及时剔出，待稳定后再投入池中饲养。

放入饲养池的黄鳝要及时投喂。黄鳝特别喜欢摄食蚯蚓，对蚯蚓的腥味非常敏感。所以，要养好黄鳝，有必要先把蚯蚓养好，可考虑建一个配套的蚯蚓饲养场所。蚯蚓的饲养难度不是很大，投资也不多，一般用牛粪饲养就很好。另外，要因地制宜地解决黄鳝的鲜活饵料问题。如果用配合饵料养殖黄鳝，效果不理想，而且成本也较高。在人工养殖状态下，尤其是在单一投喂蚯蚓或蝇蛆时，黄鳝一次摄入的鲜料量能达自身体重的15%以上，这可能会导致消化不良而引发肠炎等疾病。所以，鲜活饵料的投喂一定要均匀，切不可让其暴饮暴食。

水泥池中捕捞黄鳝比较容易，土池就困难一些。简单的做法如下。在夏秋季节，先将池内杂草清除掉，然后在池内堆放约1米^{2}的草堆数个，事先在草堆下铺一块大窗纱，然后把池水加深到50厘米，夜间几乎所有的黄鳝都会聚集于草堆中。第二天早晨，提起窗纱网，将网内的草捡出，黄鳝即在网内。如此反复2~3天，几乎可捕尽池内的所有黄鳝。

八、泥　鳅

泥鳅是一种分布很广的淡水鱼类，过去由于野生资源量大、价格低，一直形不成养殖规模。其实，泥鳅肉质细嫩，味道鲜美，营养丰富，是我国外贸出口的重要水产品之一。近年来，泥鳅市价不断走高，这大大刺激了泥鳅养殖业，使其走上快速发展的轨道。

（一）生活习性

泥鳅为底栖鱼类，喜生活于底泥较厚的各种淡水水体中。白天常钻入泥中，夜间外出活动觅食。泥鳅主要用鳃呼吸，肠和皮肤也有呼吸作用，水中缺氧时，常游到水面吞入空气，空气在肠内进行气体交换。如果水体干涸，泥鳅会钻入淤泥中，只要皮肤能保持湿润就可长期维持生命。所以，泥鳅是一种生命力很强的鱼类。

泥鳅的生存水温为1~35℃，生长适温为15~30℃，最适温度为24~27℃。当水温下降至6℃以下或上升到34℃以上，其会钻入泥中，不食不动，进入休眠状态。泥鳅为杂食性鱼类，常常是夜间在水底寻找各种有机质。泥鳅的视力较差，但口部的5对触须特别敏感，在觅食中起到了"探索器"的作用。体长5厘米以内的幼鳅，主要摄食浮游动物，之后逐步转变为杂食性，常摄食摇蚊幼虫、丝蚯蚓、小型甲壳类以及植物碎屑等。

泥鳅2龄开始性成熟，各地产卵期并不一致，但多在4~9月，5~6月为产卵盛期。每年春季，当水温达到20℃左右时，泥鳅开始发情，可看到数尾雄鳅追逐1尾雌鳅，不久后1尾雄鳅用身体紧紧横卷住雌鳅腹部，压迫雌鳅产卵，同时放出精液，使卵受精（图6-8）。如此反复，致使雌鳅肛门两侧的上腹部被雄鳅胸鳍上的骨片挤压出明显的白斑。泥鳅的怀卵量多在1万粒左右，卵径1.3毫米。受精后吸水，黏附在水草或水中其他物体上发育，一般2~3天可孵化出鳅苗。刚孵化的鳅苗全长只有3~4毫米，吸附在附着物上，8小时后长出3对外鳃，9小时后长出触须，3~4天后外鳃消失，卵黄囊逐渐吸收殆尽，开始正常游泳摄食。

泥鳅属于小型鱼类，生长较慢。鳅苗孵化出1个月后，体长可达3厘米；当年年底，体长达到6厘米；第二年年底，体长达到13厘米，重15克左右。

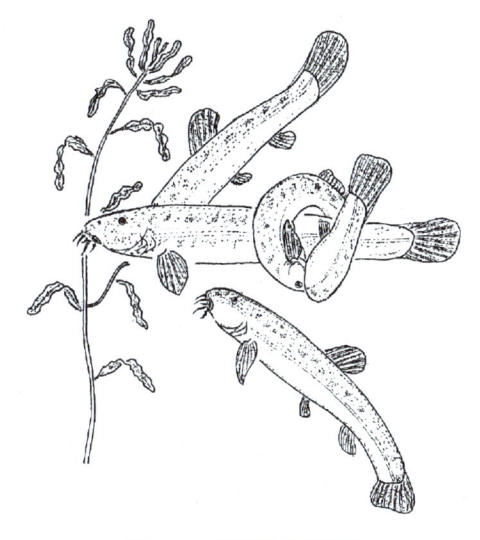

图6-8 泥鳅追逐产卵

(二) 养殖技术

从生活习性上可以看出，泥鳅是很容易饲养的鱼类，其养殖特点是适应性强、疾病少，繁殖力强、产量高，饵料易得、管理方便，养殖成本较低。

1. 自然繁殖 泥鳅繁殖池最好用水泥池，大小依养殖规模而定，水深保持1米左右即可。如果没有水泥池，用小型土池也可，但事先要清塘。待水温上升到20℃以上时，将选择好的亲鳅按1：2的雌雄比例放入繁殖池中，每平方米水面放300克左右。雌雄泥鳅的主要区别是：雌鳅体形一般要大于雄鳅，胸鳍短圆，似蒲扇，而雄鳅的胸鳍明显要尖长。亲鳅入池后，在繁殖池放置用棕片、窗纱等制作的鱼巢（参看本书第三章"鲤鱼的人工繁殖"）。放置鱼巢后要经常检查，如果鱼巢上泥尘污物较多，应及时清洗，以免影响卵粒的黏附效果；如果上面卵子较多，应更换新巢，并将受精卵和鱼巢一起移入鳅苗培育池内孵化，以防亲鱼吞吃卵粒。泥鳅喜在雷雨天或水温突然上升的天气产卵。产卵多在清晨开始，至上午10时左右结束。

2. 鳅苗培育 鳅苗培育池面积以30～50米² 为宜，池深1.5米左右。池中开挖鱼沟，以利于泥鳅栖息和避暑防寒，池埂池底夯实，进、排水口设密眼的拦网，池底保留15厘米厚的淤泥层。事先用生石灰彻底清塘，后注水40厘米深。不久水质恢复正常，将受精卵放入池水。受精卵的数量依养殖模式和饲养水平而定，一般掌握在每平方米水面1500～2000粒即可。这样，按出苗率50%计算，可达到鳅苗培育密度。

泥鳅苗出膜3天左右，卵黄囊消失，能自由平游，开始从外界摄取食物。此时的鳅苗对饲料有较强的选择性，最好投喂轮虫和小型枝角类等适口饵料，通常用50目标准筛过滤后，沿池边投喂，也可投喂熟蛋黄水、豆浆和其他粉状饲料。鳅苗体长达到1厘米时，摄食能力明显增强，可用煮熟的米糠、麸皮、玉米粉、面粉等植物性饲料，拌和绞碎的鱼、虾、螺蚌肉等动物性饲料投喂，每日3～4次。同时，在饲料中逐步增加配合饲料的比重，使之逐渐适应人工配合饲料。饲料应投放在离池底5厘米左右的食台上。平时应做好水质管理，及时加注新水，保持水色清爽，也可在池中放养一些浮萍，用于遮阴。当饲养1个多月时间，体长达3～5厘米时，泥鳅开始出现钻泥习性，这时可转入成鳅养殖。如果密度不大，水质较好，也可不必转池，直接养成商品鳅。

3. 商品鳅饲养 饲养商品泥鳅一般用小型土塘，也可以利用浅水的小鱼塘或水田改建，面积以100 米^2 为宜，土质以黏土带腐殖质的最为理想。放养前也要清塘，之后加水，深度保持在50厘米左右。

鳅种的放养密度常依据规格而定。体长3厘米的，每平方米水面放100尾左右；体长5厘米的，每平方米水面放70尾左右；如果水质情况好、管理经验丰富，还可加大放养量。这样的鳅种经过3～5个月的精心饲养，就可达到10～20克的上市规格。

成鳅的耐肥能力较强，也不容易缺氧死亡，所以池中要经常施用腐熟有机粪肥，以培育天然饵料。水色以黄绿色为好，池水透明度控制在15～20厘米。在提供天然饵料的基础上，还要投喂麸皮、米糠、豆渣、饼类等植物性饵料或人工配合饵料。开始时每天傍晚喂1次，以后逐渐改为白天投喂，上午和下午各1次。一般日投喂量为泥鳅体重的5%～10%，具体应看天气和鱼的摄食情况灵活掌握。20～30℃是摄食的适温范围，25～27℃食欲特别旺盛，低于15℃以及雷雨天一般就不要投喂了。当水温超过30℃时，要遮阴并增加水深；当泥鳅常游到水面"吞气"时，表明水中缺氧，应停止施肥，注入新水。冬季要增加池水深度至1米以上，以提高水底温度，确保泥鳅安全越冬。

九、鳜 鱼

鳜鱼又名季花鱼、桂花鱼等，是我国传统的淡水名贵鱼类。鳜鱼在我国分布很广，除青藏高原外，各大水系均有出产，尤以洞庭湖和鄱阳湖的鳜鱼最为著名。鳜鱼的种类较多，有大眼鳜、波纹鳜、斑鳜、暗鳜、长体鳜等，其中以翘嘴鳜（图 6-9）生长最快，为最重要的养殖对象。

图 6-9 翘 嘴 鳜

（一）生活习性

鳜鱼为底栖鱼类，通常生活在静水或水流缓慢的洁净水体中，尤以水草繁茂的河段、湖泊数量较多。冬季水温低于7℃时，栖息在深水处。春季水温回升后，鳜鱼逐渐游向浅水区觅食。鳜鱼对水质和溶氧的要求比一般鱼类要高得多。

鳜鱼为广温性鱼类，在水温22~30℃时，摄食最旺盛。鳜鱼是典型的凶猛鱼类，口大齿利，主要依靠视觉捕食鱼虾和其他水生动物。鳜苗一开口摄食，就吞食其他鱼类的鱼苗，先咬住尾部，然后慢慢吞入。随着个体的逐步长大，鳜鱼表现出较强的食物选择性，喜吞食体形细长、鳍条柔软、个体较小的鱼，如麦穗鱼、泥鳅等。捕食方式是：先隐蔽起来，当发现鱼虾时，以一侧眼睛盯着猎物，并随时调整自身方位和姿态，一旦猎物靠近，便猛然出击，当头咬住，随后吞下。鳜鱼冬季并不完全停食，只是摄食强度减缓。

自然条件下，鳜鱼的生长与适口饵料的丰歉有非常密切的关系。一般情况下，当年年底鳜鱼体重可达 30～50 克，第二年年底可达 200～500 克。同其他凶猛鱼类一样，人工养殖条件会大大挖掘其生长潜能，生长速度明显加快。池塘养鳜，当年一般可达 300～500 克，最大个体可达 600 克以上。4 龄鱼开始，鳜鱼体重和体长增长减慢。

鳜鱼雄鱼第二年开始性成熟，雌鱼第三年性成熟，繁殖季节在长江流域一般为 5 月中旬至 7 月上旬，产卵适宜水温为 21～25℃。同四大家鱼一样，鳜鱼喜欢在流水环境中产卵，但对水流的要求明显低于家鱼，能在江河、湖泊和水库的微流水中繁殖。繁殖期间摄食量明显下降。鳜鱼的怀卵量一般为几万粒至几十万粒不等，产卵在夜间或凌晨进行。鳜鱼卵属漂流性卵，含 1～8 个油球，呈微黏性，密度略大于水，卵径为 1.2～1.4 毫米。在 21～25℃ 条件下，经 2～3 天孵出。鳜鱼苗破膜后，全长只有 4.2 毫米。这时，与摄食有关的器官首先发育，口裂增大，颌齿迅速形成，视觉器官发达，不久即开始摄食其他鱼的鱼苗。

(二) 养殖技术

鳜鱼的繁殖难度较大，一般鳜鱼养殖户应向繁殖场订购鱼种，进行商品鳜的饲养。成鳜的池塘饲养有专池饲养和家鱼池混养两种。

1. 专池饲养 专池饲养又称单养，池塘以面积 1 000～2 000 米^2、水深 1～1.5 米为好，要求排灌方便，水色清爽，透明度大，少淤泥，最好是沙质底，并有少量沉水性水草。池底四周还要挖深为 30～40 厘米的浅沟，以便将来捕捞商品鳜。

3 月初，用生石灰对鳜鱼池彻底清塘，之后加注新水至 0.8 米。如果不清塘，就用密眼网反复清拉几遍，直至敌害生物全部清除为止。清塘 10 天后，池中放养雌、雄麦穗鱼，每亩水面放数百尾，同时在岸边浅水处放一些石块，不久麦穗鱼会在石块上产卵，池塘中生出大量小麦穗鱼，这些鱼往往生长很慢。如果没有麦穗鱼，放泥鳅也可。或者在鳜鱼种下塘前 10～20 天，将黏有鲫鱼卵的鱼巢放入塘中孵化，鱼卵密度控制在每亩水面 50 万粒左右，分 3～5 批放入，各批间隔为 1 天。

鳜鱼种放养密度依据水质和鱼种大小而定，一般 2～3 厘米的鳜鱼种每亩水面放 800～1 000 尾。

鳜鱼鱼种下塘不久，即开始追逐池中的饵料鱼。饵料鱼充足时，鳜鱼在水的底层追捕，因此水面上只有星星点点的小水花，仔细听时，可听到鳜鱼追食饵料鱼时发出的水声。如池中饵料鱼不足，鳜鱼常追食至水上层，因此水花大，发出的声音也大而乱。如果看到鳜鱼成群在池边追捕饵料鱼，则说明池中饵料鱼已基本吃完，就要及时补充了。投喂饵料鱼的规格一般为鳜鱼体长的 1/3 左右。饵料鱼种类多样，应因地制宜，以适口性好和成本低为原则，但必须是活鱼。

鳜鱼对水质要求很高，因此保持池塘水质清爽、溶氧量高，也是鳜鱼养殖管理的重要内容。池水透明度一般应保持在 40 厘米以上，为此要经常排出老水、加注新水。必要时，打开增氧机增氧。

在管理好的池塘，体长 3 厘米的鳜鱼种，饲养 5 个月后一般就能达到 500 克/尾的上市规格，每亩水面产量可达 400 千克，养殖效益相当可观。

2. 家鱼池混养　在家鱼池中混养也是饲养鳜鱼的好办法，常见养殖鱼类的鱼池中经常滋生麦穗鱼、鰕虎鱼和小鲫鱼等，放养鳜鱼就能清除塘中的这些野杂鱼，避免它们与家鱼争水体、争饵料，同时又能收获优质的鳜鱼，一举两得。但要注意的是：①放养鳜鱼的池塘水质要好，因为鳜鱼适应性差，极有可能缺氧死去；②注意放养鳜鱼的规格和数量，如果鳜鱼数量多，就会由于饵料供应不足而导致生长不良，如果鳜鱼个体太大，就会攻击养殖鱼类，造成不必要的损失。

具体做法是：每年 5 月，在水质较好的成鱼池中放养体长 5 厘米左右的鳜鱼种（该塘养殖鱼最小规格应比鳜鱼大 1 倍）。野杂鱼较多的塘每亩水面放 20～40 尾（有罗非鱼、鲫鱼的成鱼塘还可多放，每亩水面放 40～60 尾）。这样到年底，每尾鳜鱼一般会长到 500 克以上，全部上市能收获商品鳜鱼 10 千克以上。

由于鳜鱼比一般养殖鱼耗氧量大，因此混养鳜鱼的池塘水质不要过肥，要定期注入新水。鳜鱼对药物敏感，池塘施用药物时应掌握适宜浓度，在水温高的季节减少用药或干脆停止用药。

十、乌　鳢

乌鳢（图 6-10）又称黑鱼、财鱼、乌鱼等，在山东微山湖一带常称乌鳢为火头鱼。乌鳢在我国分布广泛，过去往往作为池塘养殖的敌害予以清除。其实，乌鳢肉质细嫩、味美刺少，应属淡水名贵鱼类。近年来，人们认识到了乌鳢的营养价值，市场需求量越来越大。

图 6-10　乌　鳢

鳢科鱼类中，在我国养殖的还有月鳢（无腹鳍）、斑鳢等，但以乌鳢养殖最为普遍。

（一）生活习性

乌鳢喜欢生活在湖泊、沟渠和低洼沼泽的静水水域，尤喜栖息于有水草的浅水地带。乌鳢的适应性特别强，即使其他鱼类难以生存的环境乌鳢常常也能生活。乌鳢的生存水温为 0~40℃，最适水温为 24~28℃，当水温低于 10℃时，停止摄食，以后逐步潜伏在水底甚至钻到底泥中越冬。乌鳢在缺氧的环境中，常将头露出水面，借助鳃上器官，直接吸收空气中的氧。所以，乌鳢的耐低氧能力极强，即使在少水甚至离水的情况下，只要保持鳃部和体表湿润，仍可存活很长时间，这是一般养殖鱼类不能相比的。乌鳢善跳，一条 800 克以上的乌鳢可跃离水面 1~2 米高。

乌鳢为典型的凶猛鱼类，主要以小鱼、湖虾、青蛙、蝌蚪、水生昆虫等动物为食。当食物不足或规格大小相差悬殊时，乌鳢有大吃小的习性，非常明显。和凶猛鱼类鳜鱼不一样，乌鳢对食物不是十分挑剔。

乌鳢生长速度很快，当年鱼长到秋季，平均体长超过15厘米，体重100克左右；第二年秋季，体重可达1千克左右。在人工养殖条件下，生长更快。

乌鳢的性成熟年龄和繁殖季节随地域而有较大的差异。长江流域的乌鳢，一般2龄、体长30厘米以上达性成熟，产卵季节为5~7月，以6月为产卵盛期。黑龙江流域的乌鳢，3龄、体长40厘米才能达到性成熟，产卵季节为6~8月，7月为产卵高峰期。繁殖季节，亲鱼常活动于水草茂盛的浅水区域，用水草制作环形鱼巢，产卵于鱼巢中。乌鳢的怀卵量一般为数万粒，卵呈金黄色，有油球，浮在水面上。水温26℃时，孵化期为36小时。刚孵出的仔鱼全长4毫米左右，侧卧于水面上继续发育，全长9毫米时开始从外界摄取食物。乌鳢亲鱼有护卵和仔鱼的习性，从卵产出后，亲鱼就在鱼巢下专心看护；仔鱼孵出后，成群游泳，亲鱼则跟在附近继续看护，直至仔鱼长到10毫米以上，有较强的独立生活能力时为止。整个护幼期间，亲鱼基本吃不到食物。

(二) 养殖技术

乌鳢具有苗种易得、生长快、产量高和适应性强等特点，是容易饲养的淡水鱼类，很适合在池塘中养殖。

1. 人工繁殖　秋末，将收集的乌鳢亲鱼（不区分雌雄）暂养在清水池中。第二年4月，挑选体质健壮，体重在1500克以上的亲鱼，按雌雄比例1.5∶1投入专塘培育。亲鱼培育池塘没有特别要求，只要水质好、有一定量的水草就行。亲鱼放养量不可太大，以1条鱼拥有1~2米^{2}的水面即可。乌鳢的雌雄区别不是十分明显，一般是雄鱼比雌鱼体色黑而鲜艳，雌性腹部呈灰白色，膨大松软，生殖孔突出、稍红而圆，腹鳍鳍条灰白色；雄鱼腹部较小，呈蓝黑色，生殖孔微凹似三角形，腹鳍黑色。亲鱼培育期间，每天投喂1次鲜活的小鱼虾，投喂量以鱼的摄食情况而定。

5月中下旬，水温升到22℃以上时，乌鳢开始自行配对，造窝产卵。当看到鱼巢中有鱼卵时，用网捞出，移入室内专门孵化。孵化盆用普通脸盆就行，每个盆内放受精卵1 000~2 000粒，每日换水2~3次。在水温为

22~28℃的条件下，2天左右仔鱼孵出。初孵出的乌鳢苗侧卧水面，4~5天后，体长约8毫米，开始摄食，活动敏捷。

在养殖条件下，为集中获得鱼苗，乌鳢繁殖经常使用人工催产。在水温22~26℃时，将乌鳢亲鱼捕出，挑选性腺发育好的进行激素注射，激素用鲤鱼脑垂体和绒毛膜促性腺激素，多采用胸腔注射，分2次进行。

2. 苗种培育　将能够正常活动的乌鳢苗移入鱼苗培育池中。鱼苗培育池面积为60~100米^2、水深60厘米左右即可，事先清塘消毒，有条件的最好用水泥池。每平方米水面放乌鳢苗5 000尾。开始投喂轮虫、活的水蚤以及其他鱼的小鱼苗，以后可加大饵料鱼的投放规格，但要保证乌鳢能顺利吞下。管理上注意保持水质良好。

3. 成鱼养殖　乌鳢成鱼养殖方法多样，目前多采用小水体集约化精养和成鱼池套养两种方式。

小水体集约化精养的池塘面积一般在667~2 000米^2，池水深一般为1.5米。池塘周围浅水处架设拦网，以防乌鳢跳到池外。水面放养水生植物，以达到隐蔽、遮阴、改良水质的目的。鱼种投放前，用生石灰清塘。5月中旬至6月中旬投放乌鳢鱼种，10~15厘米的鱼种每亩水面放养3 000~5 000尾；20厘米以上的鱼种，每亩水面放养1 500尾左右。这样的密度到年底每亩水面产量有望达到2 000千克以上。

该养殖方式下乌鳢的饲养比较容易，主要应注意以下两点。一是投喂要充足，否则会导致乌鳢自相残杀，严重时50%的鱼会被吃掉或咬伤；饲料以低值的小杂鱼为主，海鱼也可以，大的要切成小块投喂。二是保持水质良好，虽说乌鳢适应性极强，但在水质恶化的环境中，摄食量会减少，甚至引起疾病发生，所以要定期冲水。

成鱼池套养乌鳢，要求乌鳢鱼种的体长为家鱼体长的一半以下，以免乌鳢吞食家鱼。乌鳢的套养量根据池中野杂鱼的数量而定，通常每亩水面投放体长10厘米的乌鳢鱼种30~40尾，且最好比家鱼鱼种晚1个月下塘。成鱼池套养乌鳢一般不给乌鳢投喂，让其在养鱼塘中寻找野鱼捕食。到年底，一般可产乌鳢商品鱼20千克左右。

十一、革胡子鲇

革胡子鲇（图6-11）又称塘虱鱼、八须鲇，原产于埃及，1981年引入我国广东省，继而推广到全国各地。革胡子鲇具有生长快、养殖周期短、产量高等优点，特别是其适应性极强，对水质的适应力远高于其他养殖鱼类，非常适合初养鱼者作为首养对象。

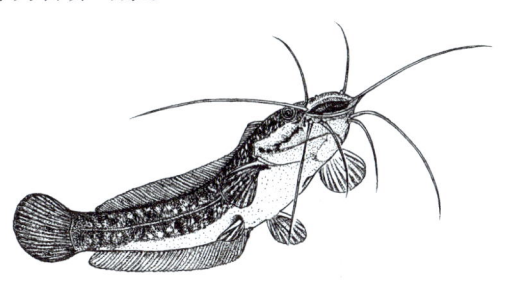

图6-11　革胡子鲇

（一）生活习性

革胡子鲇属于底栖性鱼类，视觉较差。白天喜欢聚集于洞穴和阴暗的角落，夜间四处活动觅食，主要依靠口周围4对发达的须寻找食物。革胡子鲇具有发达的鳃上器官，能直接利用空气中的氧，因而耐低氧能力很强，只要皮肤保持湿润，长时间离开水也不会死亡。有时在夜间能利用强壮的胸鳍硬棘，在陆地上支撑身体爬行，越过障碍物，去寻找新的生活水域。

革胡子鲇耐低温能力差，当水温降至8~10℃，会造成冻伤，感染水霉病；降至7℃时，就会死亡。最适宜革胡子鲇生长的水温为30℃左右，当水温升至15℃以上时开始摄食，温度在20~32℃时摄食旺盛。

革胡子鲇是以肉食为主的杂食性鱼类，食量很大，日食量为自身体重的5%~8%。鱼苗期主要摄食轮虫、枝角类、桡足类、孑孓等，成鱼阶段主要捕食小鱼虾和底栖动物，对动物尸体、有机碎屑等也能很好地摄食。

在池塘养殖条件下，当年鱼苗经4~5个月的饲养，一般可长到0.5千克，最大个体可达1.5千克以上，每亩水面的产量可达2 500千克。越冬鱼种饲养3~5个月，普遍可长到1千克，最大个体可达4千克以上。

革胡子鲶繁殖能力强，一般10~12月龄可达性成熟，1年能繁殖3~4次。革胡子鲶的繁殖季节多在4~9月，繁殖盛期为5~7月。产卵的适宜水温为22~32℃，最佳产卵温度为27~32℃，低于20℃或高于32℃时，产卵活动受到抑制。水温适宜时，可看到亲鱼发情，在有水草的地方相互追逐，产卵习性近似于鲤鱼。雌鱼产出碧绿色的卵，雄鱼排精，受精卵有黏性，黏附于附着物上。产卵量与个体大小有关，一般为几万粒，多的可达十几万粒。受精卵的孵化期通常为1~2天，孵出的仔鱼黏附在附着物上继续发育，不久就会正常游泳，开口摄食。

（二）养殖技术

革胡子鲶在我国大部分地区都不能正常越冬，所以一般养鱼户往往是在夏初季节购买鱼种，在池塘中饲养3~4个月后捕出上市。

革胡子鲶饲养池面积以1 000米^{2}左右、水深1.2~1.5米为宜，池底应平坦少淤泥。鱼种下塘前10天清塘消毒，隔天后注入新水。

革胡子鲶鱼种的下塘时间一般在6月初，水温在20℃以上。体长5厘米的鱼种每平方米水面放5~10尾。为防止同种相残，提高成活率，放养的革胡子鲶鱼种规格一定要整齐，体质一定要健壮。

革胡子鲶放养初期，由于鱼种较小，应以投喂动物性饵料为主，如小鱼虾、蚕蛹等，以后逐渐改为混合饲料。日投喂量占鱼体重的5%~10%，每日上午、中午、下午各喂1次。革胡子鲶非常贪食，如果投喂过量，达鱼体重的15%以上，可能会发生摄食过多而胀死的现象。革胡子鲶食性很杂，各养鱼户可因地制宜搜集饲料，以降低饲养成本，如有不少人用鸡肠喂革胡子鲶，效果良好。

革胡子鲶能在溶氧量为0.8毫克/升的水体中（一般鱼类要求水中溶氧量为1.7毫克/升以上）正常生活，甚至在腐败发臭的水体中也能生存，但在这种恶劣的水环境中，其生长也会受到抑制或导致多种鱼病的发生。所以，在管理上，不能因为革胡子鲶适应性强，就不注意改善水质。要定期排出池中污水，注入新水，这样革胡子鲶才会快速健康生长。

革胡子鲇逃跑能力很强，应经常检查进、排水口和池埂，发现漏洞要及时修补。还应注意池堤与水面的距离，防止因水位上涨而发生逃鱼事故，尤其是在雨季。

每年10月，当水温降至20℃以下时，池塘中的革胡子鲇摄食量会明显下降，就要考虑收捕上市。革胡子鲇属底层鱼类，拉网起捕率较低，生产上应采用干塘方式捕捉。

十二、斑点叉尾鮰

斑点叉尾鮰（图6-12）又名沟鲇，原产于北美洲。1984年，湖北省水产科学研究所首次从美国引入我国，并于1989年人工繁育取得成功。斑点叉尾鮰肉味鲜美，无肌间刺，是欧美市场畅销的水产品之一。在养殖上，斑点叉尾鮰具有食性杂、生长快、适应性广、抗病力强等优点，目前斑点叉尾鮰已成为我国重要淡水养殖鱼类，特别适合池塘及网箱饲养。

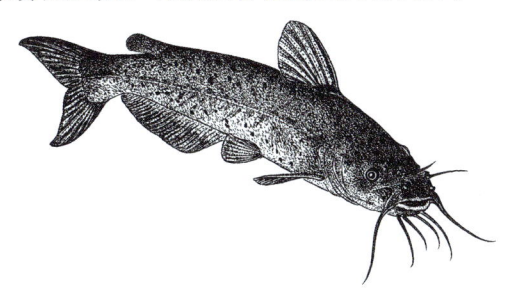

图 6-12　斑点叉尾鮰

（一）生活习性

斑点叉尾鮰喜在有沙砾、块石的清澈水体中生活，主要栖息于水的底层，性情较温驯，有集群习性，黄昏和夜间比较活跃。斑点叉尾鮰的生存水温为0～38℃，适宜生长水温为20～30℃。其对水质及溶氧的要求较高，适宜的pH值范围为6.5～8.9，适应盐度范围为0.2‰～8‰，水中溶氧一般不应低于3毫克/升。

斑点叉尾鮰为杂食性鱼类，但很喜欢在水底捕食水生昆虫、小鱼虾等，鱼苗阶段主要摄取浮游动物，有时也游到水面附近吃食。在人工饲养下，各生长阶段均喜食人工饲料，且特别喜欢在弱光下集群摄食。斑点叉尾鮰食量大、生长快，雄鱼生长快于雌鱼。在养殖条件下，当年鱼苗到年底可达100～150克，第二年年底可长到1～2千克。斑点叉尾鮰最大可达1米，体重超过20千克。

斑点叉尾鮰一般在4龄达到性成熟，体重4千克的雌鱼怀卵量约3万粒。每年的5～8月繁殖，产卵水温为19～30℃，最适繁殖温度23～28℃。斑点叉尾鮰的雄鱼有筑巢的习性，鱼巢筑成后，会引诱雌鱼到巢穴中产卵。受精卵直径3毫米左右，黏性较强，相互黏结成不规则块状，由雄鱼负责看护。其间，除尽职护卵外，雄鱼还不断用鳍搅动水流，为卵提供充足的溶氧。在水温23～25℃的环境中，受精卵6～7天孵出仔鱼。

（二）养殖技术

1. 人工繁殖　斑点叉尾鮰的亲鱼培育池要求水源水质良好，排灌方便，水量充足，池塘面积2 000～2 668米^2，水深1.5～1.8米，池底平坦，底部淤泥较少或硬底质。

选择亲鱼以4～5龄为好（体长30～50厘米，体重1.5千克以上），要求体质健壮，无病无伤，雌雄比例为1∶1。斑点叉尾鮰的雌雄区别比较容易：雄鱼体形较瘦，头部宽而扁平，体色灰黑，两侧肌肉发达，生殖突肥厚突起，似乳头状，生殖器末端的生殖孔较明显；雌鱼体形肥胖，头部较小，体淡灰色，腹部柔软而膨大，生殖突近椭圆形，生殖孔位于肛门与泌尿孔之间。

培育斑点叉尾鮰的亲鱼，以投喂配合饲料为主，在产卵前和产卵后一个月，适当投喂一些动物性饲料，如小杂鱼以及切碎的畜禽加工下脚料等。池塘要经常冲水，以改善水质，增加溶氧，促使亲鱼性腺发育。

人工繁殖斑点叉尾鮰，目前采用的主要是自然产卵法，也就是亲鱼培育池中放置人工产卵巢，让亲鱼自然产卵；之后，将受精卵收集起来，经过消毒后进行人工孵化。斑点叉尾鮰的产卵巢一般选用瓦罐、木桶等，大小以能容纳1对亲鱼在内活动为宜。产卵巢一端开口，让亲鱼自由进出，另一端用尼龙布封住，以防漏卵。在水温达到19℃以上时，开始放置人工产卵巢，数量一般占亲鱼总对数的20%～30%。

产卵巢一般平放在距离岸边3～5米处的池底,开口端向池中央,巢与巢之间的距离保持在5～6米。为了便于识别,每个产卵巢上系1个塑料浮子,用绳子引至水面。水温升到20℃以上时,要定期检查并取卵。斑点叉尾鮰多在晚上或清晨进巢产卵,在上午9时左右完成产卵。因此,检查鱼巢取卵的时间宜在上午10～12时。

取卵时,将产卵巢上端轻轻提出水面,如果还有亲鱼在巢中,先小心将鱼赶出,再查看是否有卵块。如果发现有卵块,用手轻轻拿下,带水送到孵化室内孵化。如果没有卵块,可将产卵巢放回池塘,但稍稍改动一下位置,这样有助于刺激亲鱼产卵。

将收集到的受精卵块放置在10～12目的金属孵化筐中,孵化筐悬吊在水泥池(孵化槽)中,充气或微流水孵化。斑点叉尾鮰受精卵适宜的孵化条件是:水温20～30℃(最适23～28℃),水中溶氧量6毫克/升以上,pH值6.5～8。

刚孵出的仔鱼全长约10毫米,待鱼苗平游时,适当投喂蛋黄水和小型浮游动物,数日后,移至鱼苗培育池。

2. 鱼苗培育 斑点叉尾鮰的鱼苗培育池要求底质淤泥少,面积667～1 334 米^2,水深0.8～1米。放养密度为每亩水面2.5万～3万尾。

鱼苗下塘后的前4～5天,根据水中天然饵料的数量情况,可不投饲料或适量投喂枝角类。之后,以投喂人工饲料为主,每天投3～4次。斑点叉尾鮰喜群食,因而投饲点要相对固定集中。保持水质良好。水中溶氧不能低于4毫克/升。

3. 成鱼饲养 饲养斑点叉尾鮰的池塘要求水质良好,面积2 000～4 000 米^2,水深2～2.5米。鱼种放养前进行清塘消毒。

春季,放养30～50克的鱼种(年底可达0.75千克以上),每亩600～800尾。另外,每亩水面还要搭配鲢鱼、鳙鱼200～300尾。

投喂人工配合饲料,可选择蛋白质含量在36%～38%的斑点叉尾鮰膨化配合饲料,缩短养殖周期。每天2～3次,傍晚适当多喂,日投饲量占鱼体总重的3%～4%,商品鱼上市前一段时间最好投喂小杂鱼。

管理上,每10～15天排除老水,加注新水一次。适时开动增氧机,保证水中溶解氧在4毫克/升以上。

十三、黄颡鱼

黄颡鱼（图 6-13），俗称戈牙、嘎鱼、黄腊丁、央丝，在我国分布很广。以前常被视为普通小杂鱼，近年来由于自然资源锐减，黄颡鱼价格猛涨，逐步发展成重要养殖鱼类。

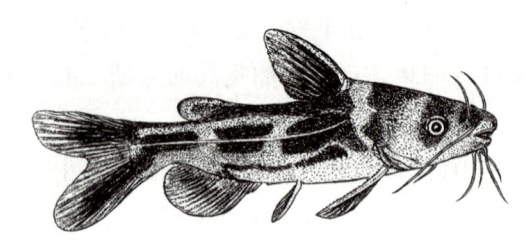

图 6-13 黄颡鱼

（一）生活习性

黄颡鱼营底栖生活，多活动于湖泊静水或江河缓流中，尤喜生活在有淤泥的浅滩处。昼伏夜出，夜间有时也到水上层觅食。黄颡鱼对环境的适应能力较强，对水温水质的要求近似于四大家鱼。

黄颡鱼为杂食性鱼类，食谱很广，但更喜欢食肉，其幼鱼主要以浮游动物和水生昆虫为食，成鱼常会捕食小鱼虾。在人工养殖条件下，黄颡鱼也能较好地摄取配合饲料。

黄颡鱼为小型鱼类，生长较慢，且雄鱼生长快于雌鱼。在自然水域，2龄黄颡鱼体长一般在10厘米，重20克；3龄鱼15厘米，重40克。人工养殖条件下，黄颡鱼的生长要快一些。

黄颡鱼一般在2龄达到性成熟，产卵水温为20～30℃。通常在每年的5～7月繁殖。繁殖季节，雄鱼游至水草茂密的浅水处，利用胸鳍硬刺在水底挖掘出一个小小的浅坑，充作鱼巢；之后，雄鱼就留在鱼巢中，等候雌鱼的到来。

黄颡鱼多在夜间产卵。受精卵淡黄色，黏附在鱼巢中。产卵后，雌鱼离巢觅食，雄鱼在鱼巢附近守护发育中的卵和仔鱼。在水温23～28℃的条件下，受精卵孵化期 2~3 天。刚孵出仔鱼全长 4.8~5.5 毫米。7~8 天后，仔鱼全长达 1 厘米，开始离巢独立活动。

(二) 养殖技术

黄颡鱼肉味鲜美，很受群众欢迎，目前黄颡鱼养殖上的主要问题是：商品规格偏小、人工繁殖难度较大、出苗量较少。养殖户可从繁殖场购买 1.5 厘米的鱼苗或 2.5 厘米的鱼种，进行适当的苗种培育后，再进行商品鱼饲养。当然，也可以购买 3~5 克的鱼种，直接进行商品鱼饲养。

1. 苗种培育 苗种培育是将黄颡鱼规格 1.5 厘米的鱼苗或 2.5 厘米的鱼种饲养成 8 厘米左右的大规格鱼种。

培育池以面积 667 米^2、水深 1 米左右为宜，要求水质良好，排灌方便。放养的苗种规格要整齐，密度为每亩水面 8 000~10 000 尾。

池中设饲料台，定点投喂。将鱼糜或鱼粉与豆粉、玉米粉、麸皮和面粉混合揉成团状投喂，也可投喂配合饲料。每天投喂 2~4 次，具体投喂量要根据水质、天气和鱼的吃食活动情况而定。

经常冲水，保持水质良好，溶氧充足。

2. 成鱼饲养 黄颡鱼的适应能力较强，凡是水源充足、水质良好的土地、水泥池均可用作饲养池。放养前 10~15 天要清塘，清塘的第 2 天加水，第 3~4 天施放发酵腐熟的有机粪肥，每亩水面约 300 克，以繁殖天然饵料生物，供黄颡鱼的鱼种摄食。

黄颡鱼鱼种的放养时间一般为每年的 3~4 月，每亩水面放 8 厘米左右的鱼种 1 000 尾。大约 10 天后，每亩水面可混养体长 15 厘米左右的鲢鱼 600 尾、鳙鱼 200 尾，1 龄草鱼 200 尾。

黄颡鱼是杂食性鱼类，饲料可用畜禽加工下脚料、冰鲜小杂鱼以及配合饲料，每天上午、下午各投喂 1 次，上午投喂量占全天投喂量的 1/3，下午投喂量占全天的 2/3。

保持水质良好。根据水色情况，适当更换新水，必要时开动增氧机，控制水色透明度 20~40 厘米。另外，每 10~20 天施放生石灰一次，每亩水面用量 15 千克。施放方法是：生石灰兑水后搅匀，全塘泼洒。

十四、大口黑鲈

大口黑鲈（图 6-14）又名加州鲈、美洲大口鲈，原产于北美洲的江河、湖泊，现已被引入多个国家养殖。

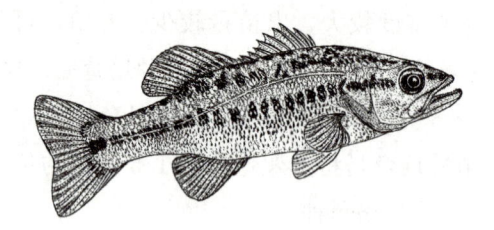

图 6-14 大口黑鲈

（一）生活习性

大口黑鲈喜欢栖息于水质清爽、有水生植物的浅水水域，常藏身于水下岩石或树枝丛中，有占地盘的习性，活动范围较小，幼鱼喜欢集群活动。

大口黑鲈的生存水温为 1~36℃，10℃ 以上开始摄食，最适生长温度为 20~25℃。大口黑鲈对水质和溶氧的要求较高，水中溶氧在 1.5 毫克/升时开始浮头。

大口黑鲈属于肉食性鱼类。仔鱼期主要摄食轮虫和水蚤等浮游动物；全长 5~6 厘米时，捕食水生昆虫和鱼苗；全长 10 厘米以上时，主食小鱼虾。饲料不足时，常出现自相残杀现象。在人工养殖条件下，也摄食配合饲料，且生长良好，当年鱼苗可长到 0.5~0.75 千克，达到上市规格；饲养 2 年的大口黑鲈，重约 1.5 千克；3 年重约 2.5 千克。

在自然环境中，大口黑鲈 2 龄成熟，在养殖条件下 1 周年以上达性成熟。繁殖水温为 18~26℃，最适水温为 20~24℃。

大口黑鲈雌鱼的怀卵量多在 4 万~10 万粒，一年多次产卵，每次产卵 2 000~10 000 粒。在水质清新、有水草、池底有沙石的池塘中，大口黑鲈可以自然繁殖。繁殖前，雄鱼先在池塘浅水处占据地盘，水底筑巢（产卵床），鱼巢用嘴和鳍挖成，深 3~5 厘米，直径 30~50 厘米。筑好巢的雄鱼在巢周围静候雌鱼到来。雌雄鱼相会后，雄鱼不断用头部顶托雌鱼腹部，促使雌鱼发情，在雌鱼产卵的同时，雄鱼排出精液。如果雌鱼不满意雄鱼及其巢穴，就不会产卵，而是赶紧走开。产卵后的雌鱼也会离开巢穴，雄鱼则留在巢中守护受精卵。大口黑鲈的受精卵为淡黄色，卵径1.5~1.7毫米，略带黏性，黏附在鱼巢的水草和沙砾上孵化。

刚孵出的大口黑鲈鱼苗体半透明，全长7~8毫米。仔鱼正常平游后，离开鱼巢，开始从外界寻找食物。孵出1个月内的仔鱼仍有集群活动的习性，并受到雄鱼的保护。

(二) 养殖技术

大口黑鲈肉多刺少，味道清香，是一种优质淡水鱼类，很受消费者欢迎，有"淡水石斑"之称。大口黑鲈适应能力强，容易繁殖，因此不宜在野外放生，否则容易形成外来入侵物种，对当地水产资源造成不良影响。

1. 人工繁殖 大口黑鲈在池塘中能够自然产卵。亲鱼培育池要求进排水方便，面积665~1 335米^2、水深1.5米为宜。挑选体质好、体色亮、体重在1千克以上的大口黑鲈，按照雌雄3∶2或1∶1的比例放入亲鱼培育池，一般每亩水面放300~400尾。

大口黑鲈的雄鱼身体较长，体色稍艳，鳃盖部略粗糙，胸鳍狭长，生殖孔凹入；雌鱼体形较粗短，体色较暗，鳃盖部光滑，胸鳍较圆，腹部膨大，生殖孔红肿突出。

在亲鱼放入池前，池四周应堆放些石块、砖头，池中种些水草，以备雄鱼筑巢。亲鱼入池后，要适当投喂些小鱼虾，让亲鱼摄取。保持水质良好，适时加注新水，必要时打开增氧机。不久，亲鱼就会自然繁殖。待鱼苗集群游泳时，用抄网捞出，转移到苗种池进行培育。

2. 苗种培育 大口黑鲈鱼苗培育多采用土池，面积以1 335~2 000米^2、水深1~1.3米较好。鱼苗下塘前约10天用生石灰清塘，之后进水，保持水位50~70厘米。根据具体情况，适当施肥，培育浮游动物。

每亩水面放养1.5厘米的鱼苗约2万尾，放养鱼苗的规格要一致，防止大吃小。

下塘初期的大口黑鲈鱼苗主要以池中自然滋生的浮游动物为食。以后根据天然饵料的供应情况，辅以鱼肉糜，并根据鱼种的生长情况，逐渐过渡到切细的冰鲜鱼，每天投喂3次。

经常冲水，保持水质良好。由于大口黑鲈相互残杀比较严重，且生长不齐，一旦个体大小差异较大时，必须及时过筛，将大小鱼分开培育。

经过70天左右的精心饲养，大口黑鲈体长达到10厘米以上，可转入商品鱼池塘中饲养。

3. 商品鱼饲养　大口黑鲈的商品鱼饲养比较容易，池塘面积应在2 665 米^{2}以内，水深1.5~2米，要求进排水方便，池底淤泥少，配备增氧机。鱼种放养前20~30天，用生石灰清塘。

每亩水面放养10厘米以上的大口黑鲈鱼种2 000尾左右，适量搭配放养鲢鱼、鳙鱼、团头鲂等，以清除饲料残渣，调节水质。

投喂新鲜的小杂鱼或鱼块，投喂范围要大一些，以便让更多的大口黑鲈鱼抢到食物，使之生长均衡。每天上下午各喂1次，日投喂量为鱼总体重的10%~15%。

大口黑鲈鱼不耐低氧，易浮头，因此每日都要巡视养鱼池，观察鱼群活动和水质变化情况。当池水透明度低于20厘米时，应及时换注新水；闷热雷雨季节，要经常开增氧机。

大口黑鲈（尤其是幼鱼）对农药极为敏感，极少剂量即会造成全池鱼死亡，应严格防止农药等有害物质流入池中。

十五、墨瑞鳕

墨瑞鳕（图6-15）又称河鳕、东洋鳕、鳕鲈、澳洲龙纹斑、虫纹鳕鲈或虫纹石斑等，原产地在澳大利亚，是当地著名的淡水养殖鱼类。2001年引入国内试养，2014年人工繁育获得成功。

（一）生活习性

墨瑞鳕喜欢栖息于背光阴凉的水域，夏季夜晚最为活跃，白天多在水草

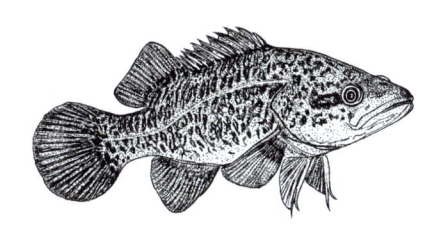

图 6-15 墨瑞鳕

丛生的遮光隐蔽处，不大游动。生长适温 7~30℃，最佳生长水温 18~22℃，高温和低温的极限耐受水温分别是 35℃ 和 5℃。适宜 pH 值为 5.5~8.5，溶氧量应保持在 2 毫克/升以上。

墨瑞鳕属于典型的肉食性鱼类，喜欢捕食小型鱼类、甲壳类动物等，甚至自相残食。

墨瑞鳕 3 龄达性成熟，重 2.5~3.0 千克的雌鱼可产卵 10 000 粒，5 千克的可产卵 14 000~30 000 粒，23 千克的可产卵 90 000 粒，为沉性卵。刚孵出的仔鱼长 5~9 毫米，聚集水底；7~10 天后分散游动，开始摄取浮游动物。墨瑞鳕最大体重可达 100 千克。在人工养殖条件下，一年可长到 1 千克，满二年超过 2.5 千克。

（二）养殖技术

目前，墨瑞鳕的饲养还不是很普遍，养殖户中最主要的是饲养商品鱼，鱼种须从专门繁殖场购买。

墨瑞鳕对水质的要求较高，因此要选择水源良好的池塘进行养殖。要求水量充足，水质良好；有条件的，可以建设水质处理车间，对养殖用水进行净化处理。通常，池塘面积以 2 000~3 335 米^2 较为适宜，池深 2.5~3 米，且注、排水条件良好。另外，还需要配置 1~2 台 1.5 千瓦水车式增氧机，在用药、天气突变等特殊情况下开启，其余时间可阶段性开启。

放养鱼种不宜过小，一般要达到体重 150 克或体长 10 厘米的规格才好，每亩水面密度为 2 000~3 000 尾左右，可单养，也可少量混养鲢鱼、鳙鱼。混养鱼密度掌握在每亩水面 20~30 尾，规格要大于墨瑞鳕，以防止被墨瑞鳕吞食。

目前，市场上还没有墨瑞鳕专用养殖饲料。养殖户可以根据自身需求，向饲料加工厂定制饲料。饲料中的鱼粉须质量好，新鲜度高；饲料的蛋白质含量一般要达到或接近45%。饲料投喂要遵循少投多餐的原则，每天投料4~5次。投喂量上，早上和傍晚可多投点，中午少投点。具体投喂量根据养鱼数量和鱼的抢食情况灵活掌握，并根据天气情况进行调整。投料过多，容易导致水质变差，反而会影响鱼类吃食。

平时，经常巡塘，发现问题，及时处理。

十六、匙吻鲟

匙吻鲟（图6-16）原产于北美洲的密西西比河流域，20世纪60年代美国开始人工养殖，1988年我国从美国引入。匙吻鲟为优质名贵淡水鱼类，其肉质鲜嫩，鱼卵可加工成鱼子酱。

图6-16 匙吻鲟

（一）生活习性

匙吻鲟常年生活在内陆江河湖泊中，喜栖息于水的中上层。其生存水温为0~37℃，适宜的pH值范围为6.5~8，对溶氧要求较高，应在5毫克/升以上。

匙吻鲟性情温和，终生以浮游动物为食，幼年靠吞食，成年则靠滤食，因此成年匙吻鲟的口极大，并且有一个突出的长吻。在人工饲养下，匙吻鲟也喜欢摄取小颗粒的浮性饵料。

匙吻鲟的生长速度较快，当年鱼苗生长到年底，一般全长可达 45~60 厘米，重 0.7~1 千克；2 龄鱼全长可达 70~80 厘米，重 2~3 千克。目前发现最大的匙吻鲟体重达 65 千克。

在外形上，匙吻鲟雌雄鱼区别不大。雄鱼在 7~9 龄达到性成熟，雌鱼晚一年。匙吻鲟通常在 4~5 月繁殖，适宜水温为 16~18℃，繁殖期会游到江河上游。受精卵为灰黑色，直径 2~2.5 毫米，有黏性，粘在砾石上孵化，孵化期为 6~7 天。

（二）养殖技术

匙吻鲟对养殖环境要求也不算太高（低于多数鲟鱼），能在很大程度上替代花鲢养殖。但匙吻鲟的人工繁殖难度较大，仔鱼成活率低，市场苗种价格较高。另外，匙吻鲟对药物尤其是重金属类药物十分敏感，在养殖上要予以特别注意，仔幼鱼阶段禁止食用硫酸铜以及含氯的化学药物，抗生素的用量也不能过高，即使是成鱼也要慎用这类药物。

1. 鱼苗培育 匙吻鲟的鱼苗培育是将孵化出的仔鱼（全长 2~3 厘米），精心饲养 20 天左右，使之达到全长 6~7 厘米的规格。

生产上，培育匙吻鲟鱼苗通常使用长条形小型水泥池或水槽，面积一般在 10 米^2，深 1 米左右。要求池壁光滑，底部有一定倾斜度，微流水，能充气增氧。

放养刚孵化的匙吻鲟鱼苗，每平方米水面 500~600 尾。注意：一个培育池中只能放养同一批鱼苗，且放养时新旧水之间温度应保持一致，最大温差不能高于 1℃。

匙吻鲟鱼苗开口的第一天必须吃到饵料，否则会大大影响成活率。其开口饵料主要为轮虫和小型枝角类，也吃蛋黄、鱼粉、虾粉等。为此，事先要设专池培养这些浮游动物，尽量做到活食投喂。

刚开始摄食时，匙吻鲟鱼苗的口裂不能闭合，只能被动摄食，通过水流获得氧气和饵料，因此投喂饵料要采取少量多次的原则，每天投饵 9~10 次（每隔 2 小时左右投饵 1 次），每千尾鱼苗每次投喂小型浮游动物 3~5 克，夜晚的投饵量和投饵频率要高于白天。

在匙吻鲟鱼苗培育的日常管理中，要注意 4 个问题：①保证饵料适口，保持水体中的饵料密度；②及时清除残饵及排泄物，保持水质清洁；③要求微流水，溶氧在 6 毫克/升以上；④避免弱光，水温保持在 16～20℃；⑤后期分池稀养，维持每平方米水面 200 尾左右，防止密度过大而导致自相吞食，特别是当鱼苗长到 4～5 厘米时，可能会发生咬尾现象，应该及时分池。

2. 鱼种培育 匙吻鲟鱼种培育是将全长 6～7 厘米的鱼种精心饲养 30～60 天，使之长到全长 15～20 厘米的规格。鱼种培育主要有水泥池培育和池塘培育两种方法，水泥池培育法参照鱼苗培育进行。

池塘培育时要求池塘面积 2 000～3 335 米^2、水深 1.5～1.8 米，要求排灌方便，每池配备 1.5 千瓦增氧机一台。

鱼种放养前要进行清塘，以杀灭杂鱼、水草、病菌等，每亩水面用生石灰 300～400 千克。下塘前一周，在池塘中施放一定量的绿肥或粪肥，目的是培育水蚤，为匙吻鲟鱼种提供充足的天然饵料。下塘前 1 天，还要用密眼的渔网（水花网）再拉一次网，以清除新滋生的蝌蚪等。

匙吻鲟鱼种多采用单养，但有时也会搭配草食性鱼类如团头鲂，切勿搭配凶猛鱼类，放养密度为每亩水面 1 000～1 500 尾。放养匙吻鲟鱼种宜在傍晚进行，放养时注意新旧水的水温尽量保持一致。

在匙吻鲟鱼种培育过程中，除了施肥培育浮游动物，还应投喂麸皮及细碎的饼粕等，也可以购买专用颗粒饲料投喂；保持水质良好，当水中溶氧低于 5 毫克/升时，要及时加注新水或开增氧机。

3. 商品鱼饲养 匙吻鲟商品鱼的饲养，有池塘饲养、网箱饲养等多种方式。池塘饲养有混养匙吻鲟和主养匙吻鲟两种，混养多是与喜清水的中下层鱼类同塘饲养，如团头鲂、斑点叉尾鮰等。目前生产上，比较普遍的还是池塘主养匙吻鲟。主养匙吻鲟的池塘不宜太小，通常面积应在 5 336～10 000 米^2、水深 1.5～2 米，要求水质良好，管理方便。

饲养时选择体长 25 厘米左右的匙吻鲟，每亩水面放 200～250 尾，如果是体长 50 厘米的匙吻鲟，每亩水面放 100 尾。另外，每亩水面还要搭配其他鱼类约 150 尾，配养鱼主要是鲤鱼、斑点叉尾鮰、鳜鱼和团头鲂等，其规格必须明显小于匙吻鲟。

饲养匙吻鲟商品鱼，主要靠投喂配合饵料，另外也要注意培肥水质，培育天然饵料。在管理上，注意保持水质良好，溶氧尽可能维持在 5 毫克/升以上。盛夏高温时，适当遮阴，减弱阳光，控制水温不能超过 27℃。

十七、翘嘴红鲌

翘嘴红鲌（图 6-17），俗称大白鱼、噘嘴链子、翘嘴巴，广泛分布于我国东部各大淡水水域，近年来野生资源数量明显减少，逐步发展成为养殖鱼类。翘嘴红鲌肉质洁白细嫩，味道鲜美。在我国很多地方，翘嘴红鲌都被看作上等食用鱼类。

图 6-17 翘嘴红鲌

（一）生活习性

翘嘴红鲌多活动于湖泊、水库和外荡等大型水体的中上层，行动迅猛，性情暴烈，容易受惊，擅长跳跃，受到外界刺激时，可"飞"出水面 1 米多高。其适应性强，对环境的要求近似于家鱼。生存水温为 0～38℃，摄食水温为 3～36℃，最佳生长水温为 18～30℃。

翘嘴红鲌是典型的凶猛鱼类，喜欢在水的中上层追逐捕食鱼类。在鱼苗期以浮游动物及水生昆虫为主食，50 克以上的个体主要吞食小鱼，体重 0.5 千克的翘嘴红鲌能吞食 0.2 千克的鲢鱼。

翘嘴红鲌是生长较快的淡水鱼类。在人工饲养条件下，8～10 个月、7 厘米左右的鱼种可长成 0.5 千克以上的商品鱼；两周年的鱼可达 2～3 千克。一般来说，体重 100 克以内的鱼生长较慢，100～200 克期间生长稍快，200～300 克生长更快，300～2 500 克的翘嘴红鲌生长最快。翘嘴红鲌体形较大，常见个体多在 2～2.5 千克，最大个体重达 15 千克。

翘嘴红鲌约 3 龄达到性成熟，产卵期为每年的 5～7 月（水温 20～30℃）。

在繁殖季节，雄鱼头部、胸鳍等处会出现明显的珠星，雌鱼珠星较少或没有，怀卵量多在 13 万～80 万粒。卵灰黄色或青灰色，直径约 1 毫米，吸水后达 2～3 毫米，有较强的黏性，粘在水中附着物上孵化。孵化期 1～2 天，刚刚孵化出的仔鱼全长约 6 毫米，白色透明，细棒状。大约 2 天后，卵黄囊被吸收，鳔充气，仔鱼可在水体中自由游动，开始从外界摄食。

（二）养殖技术

翘嘴红鲌个体大，生长快，适应力强。虽说是典型的凶猛鱼类，但可在人工养殖条件下，通过简单的驯化，能较好地摄取配合饲料，而且投喂优质人工饲料与投喂活鱼的生长速度没有太大差别。

1. 鱼苗培育 翘嘴红鲌的鱼苗培育池并没有什么特别的要求，最好靠近水源、水质良好，池底平坦，淤泥较少，面积 667 米^2 左右，水深 1.0～1.5 米。

鱼苗放养前 10 天清塘，每亩水面用生石灰 100～150 千克，之后灌水，施放发酵的有机肥，培养浮游动物，如轮虫和水蚤等。

当鱼苗培育池中轮虫和小型枝角类（小水蚤）较多时，将翘嘴红鲌的鱼苗放入培育池，每亩水面放 10 万～15 万尾。之后，根据池水中浮游动物的数量，及时补充投喂水蚤、切碎的水蚯蚓和鱼糜等饲料。

管理上，每天巡塘 2 次，观察鱼苗的吃食活动情况。保持水质清爽、溶氧充足，池水透明度应在 30 厘米以上，及时清除敌害生物。

经过近 40 天的集中培育，翘嘴红鲌的鱼苗体长可达 4 厘米左右，此时可转入鱼种池进行鱼种培育。

2. 鱼种培育 翘嘴红鲌的鱼种培育池面积 1 334～2 000 米^2、水深 1.5 米左右。鱼种下塘前用生石灰清塘消毒，每亩水面放养夏花鱼种 0.8 万～1 万尾。

夏花下塘初期，每天投喂 4 次，饲料主要是鱼糜和蚕蛹粉等动物性饲料。翘嘴红鲌喜欢集群，抢食能力较强，而且主要活动于水体中上层。为此，可把饲料投放在木质的饲料框中，待鱼种习惯在饲料框中摄食后，进行驯食工作。最初将鱼糜和配合饲料拌在一起投喂，以后逐渐减少鱼糜的比例，最后过渡为全部投喂配合饲料，时间大约 1 周左右。配合饲料的蛋白质含量应在 38％以上，而且最好是膨化的浮性饲料。

在整个鱼种培育过程中，一定要保持水质良好，水中溶氧应在4毫克/升以上，为此应不时向池塘加注新水。加注新水时，水流要平缓，以防止流水刺激引起翘嘴红鲌跃出水面。高温季节，每天凌晨和晴天中午还要开增氧机2小时左右。

经过120天左右的精心培育，夏花鱼种可长成13～15厘米的大规格鱼种。之后，进入翘嘴红鲌商品鱼饲养阶段。

3. 商品鱼饲养　饲养翘嘴红鲌的池塘要求水源水质较好，排灌方便，面积以1 334～5 336 米^2 为宜，水深应保持在1.2～1.5米。

每亩水面放养大规格的翘嘴红鲌鱼种600～800尾，同时搭配放养一定数量的鲢鱼、鳙鱼、鲤鱼、鲫鱼，以充分利用池中的饵料资源，改善水质。另外，最好放养些麦穗鱼和青虾，作为饵料补充。定点投喂浮性的配合饲料或鲜活小杂鱼、冰鲜鱼块等，每日投喂2次，每日投饵量大约占鱼体总质量的2%～9%，具体投喂量视鱼摄食情况而酌情增减，投喂过程中采取"慢—快—慢"的投喂方式。

日常管理主要是加强巡塘、调节好水质等。经半年左右的饲养，15厘米的鱼种平均体重可达0.5千克以上，每亩水面可产翘嘴红鲌400千克以上。

十八、南方大口鲇

南方大口鲇（图6-18）又名大口鲇，主要分布于我国南方的大河中，如长江、瓯江、珠江等。南方大口鲇人工饲养繁殖技术的研究始于20世纪80年代后期，目前南方大口鲇已发展成为我国重要的淡水养殖鱼类。南方大口鲇肉质细嫩，味道鲜美，且出肉率高，是优质高档淡水食用鱼类。

图6-18　南方大口鲇

(一) 生活习性

南方大口鲶喜欢在江河缓流处活动,常群居,底栖,白天隐居,夜间四处觅食。生存水温为0~38℃,最适生长水温是25~28℃。南方大口鲶耐低氧能力较差,当水中溶氧低至2毫克/升,会出现浮头;低于1毫克/升时,窒息死亡。

南方大口鲶为凶猛肉食性鱼类。在自然条件下,主要捕食鱼虾和其他水生动物,由于口大,能够吞下相当于自身长度三分之一的鱼类。在养殖条件下,经驯化后,南方大口鲶可摄食人工配合饲料。

南方大口鲶个体大,生长快,尤其是1~3龄的鱼生长最快。在养殖条件较好的情况下,当年鱼苗到年底体重可达1.5~2.5千克,最大5千克;第二年年底达5~10千克;第三年年底达10千克以上。

南方大口鲶一般在4龄达性成熟,雄鱼胸鳍上的锯齿较壮,外生殖乳突长而尖;雌鱼胸鳍上的锯齿较细弱,外生殖乳突短而圆,腹部膨大,相对怀卵量为每千克体重10~20粒。

南方大口鲶在每年的4~6月繁殖,适宜产卵的水温为18~26℃,最适产卵水温20~23℃。产卵地为水面较为宽阔的江段,多在有流水的卵石浅滩处。常在半夜进行产卵,清早结束。

其受精卵为黄色、有黏性,多粘在卵石上发育。刚孵出的仔鱼侧卧于水底,只能摆动尾部,大约2~3天后可自主游动,开始觅食生长。

(二) 养殖技术

南方大口鲶生长速度快、抗病力强。另外,南方大口鲶性情温顺,不善跳跃,喜集群,易捕捞(两网起捕率达90%左右)。

南方大口鲶人工养殖产量高,适合在多种水体饲养,也适合规模化、集约化饲养。南方大口鲶对水质和溶氧的要求较高,因而单产相对较低。

1. 鱼苗培育 南方大口鲶鱼苗培育是指在水温22~25℃的条件下,饲养15天左右,使鱼苗达到3厘米的过程。养鱼户可到繁殖场购买鱼苗,健壮整齐的南方大口鲶鱼苗培育成活率较高,一般在80%左右。

培育南方大口鲇鱼苗可用水泥池和网箱，也可用土池，其中水泥池管理方便，生产上应用较多。水泥池的面积最好小于20米^2，池深在0.6～1米之间。要求进排水系统完备，并有充气增氧设施。

南方大口鲇鱼苗怕光，因此鱼苗下池时间尽量选择傍晚时分。而且，同一个培育池中只能放养同一批鱼苗，新旧水的温度要尽可能保持一致，温差不能超过2℃。鱼苗放养密度根据水质和管理情况而定，一般水泥池掌握在每平方米水面1 000～2 000尾。

鱼苗下池后的头3天喂蛋黄水，以后依次投喂水蚤、小鱼苗和水蚯蚓等活饵料，每日喂食5～6次，投喂一定要及时足量。

南方大口鲇出膜2天后的仔鱼已具有相互蚕食的习性。因此，一定要保证适口的饵料（水蚤）供应，尤其是在傍晚和清晨，要求每升水中约有20个活水蚤。如果水蚤过多，要开气泵增氧，以免造成缺氧死鱼。

南方大口鲇鱼苗食量大、生长快、对溶氧要求高，因此保持水质良好十分重要。管理上要经常换水，必要时，保持培育池呈微流水状态。

2. 鱼种培育 鱼种培育是将3厘米左右的鱼种饲养30天左右，使之达到10厘米以上的过程。驯食是该阶段的一项重要工作，驯食可使南方大口鲇摄食人工配合饲料。鱼种培育池可选用水泥池、小土池或网箱，面积和水深略大于育苗池。

根据水质情况，水泥池每平方米水面放3厘米的夏花鱼种100～200尾，鱼种规格要均匀一致。

鱼种培育阶段采用多种饵料投喂。下池后的头几天，多在晚上喂水蚯蚓和鱼糜等动物性饲料，日投量为鱼体总重的5%～10%。鱼种长到5厘米时，已经习惯于人工投喂。此时，可在鱼糜等天然饵料中增加少量配合饲料（配合饲料的蛋白质含量要大于45%），待鱼种适应后逐渐提高配合饲料的比例，最后过渡到全部投喂配合饲料。该过程要循序渐进，根据鱼种的吃食情况灵活掌握。

管理上，应保持水质良好和水中溶氧充足，经常充气增氧，必要时保持微流水状态。为保持合理的饲养密度，防止南方大口鲇相互残杀，还要根据生长情况，及时分池，按规格分开饲养。一般来说，整个鱼种培育阶段，大约需要分池3次。

南方大口鲇鱼种全长达10～12厘米、重7～8克时，放入大池，进行商品鱼饲养。

3. 商品鱼饲养　饲养南方大口鲇应当选择水源良好、水量充足、并配有增氧机的池塘，面积2 000～3 335 米^2、水深1～1.5 米。鱼种放养前须用生石灰清塘，清除淤泥（底泥厚度不超过5厘米）。

放养的南方大口鲇鱼种规格应在10～12厘米，同一池塘放养鱼种的规格要求一致。如果是外购鱼种，还要注意质量：一是要看购买的鱼种是否已经过驯食，即是否能够正常摄食配合饲料；二是要看购买的是不是真正的南方大口鲇鱼种等，避免购进土鲇鱼种。

南方大口鲇与土鲇在外形上非常相近。但土鲇生长要慢很多，当年鱼的体重往往只有100～150克；而南方大口鲇生长快，在适宜的环境中，当年鱼体重可达2.5千克。一般来说，南方大口鲇的鱼种口裂大（口裂末端至少达到眼球中部），尾鳍的上叶长于下叶，体长10～15厘米时，有3对须；土鲇的口裂相对小一点，口裂末端一般不超过眼前缘，尾鳍的上下叶基本等长，体长8厘米以上时，只有2对须。

南方大口鲇的放养密度主要取决于池塘养殖条件以及养殖者的管理水平等。通常情况下，每亩水面放鱼种800～1 000尾，并配养100～200克的鲢、鳙鱼种80～100尾，但不能放鲤鱼、鲫鱼等底栖性鱼类。

饲养南方大口鲇，投喂的饲料有两类：对于经过驯食的鱼种，投喂配合饲料（蛋白质含量应在40%以上）；对于未经驯食的鱼种，投喂鲜、活的动物性饲料，如小杂鱼、蚯蚓、蝇蛆、家畜内脏等。与其他池塘养殖鱼类一样，在喂食上要实施"定时、定量、定质、定点"的投饲原则。一般来说，日投喂量为鱼体总重的3%～8%，具体投喂量要根据水温、水质以及天气和鱼的摄食情况而灵活掌握，但夜晚投饲量要适当多一些。

饲养南方大口鲇，在管理上，要经常巡塘，注意观察其摄食和活动情况，并且要经常换水，保持水质良好。

通常情况下，10厘米的南方大口鲇鱼种养到年底，尾重可达0.4～0.6千克，每亩水面平均可产250～300千克。另外，还能收获鲢鱼、鳙鱼80千克左右。

十九、长吻鮠

长吻鮠(图6-19),俗称鮰鱼、江团、肥鮀。长吻鮠在我国分布较广,但以长江出产的最有名,尤其是在湖北省石首市一带。长吻鮠肉嫩味鲜美,无细刺,富含脂肪,为淡水鱼中的上品,民间很早就有"不食江团,不知鱼味"的说法。长吻鮠的胃、肠和肝脏均可食用,其鳔特别肥厚,干制后称为"鱼肚",湖北省石首市所产的"笔架鱼肚"非常有名。

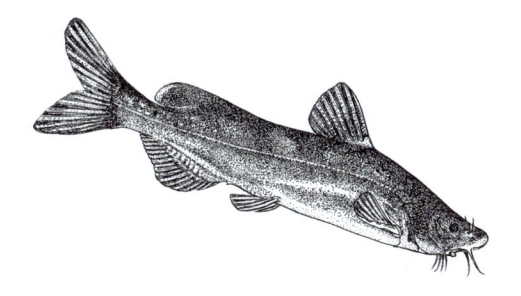

图 6-19 长 吻 鮠

(一) 生活习性

长吻鮠一般生活于江河的底层,昼伏夜出。白天喜集群潜伏于水底凹槽处,夜间分散到各处活动觅食。冬季多在干流深水处多砾石的夹缝中越冬。

长吻鮠的生存水温为0~38℃,最适宜的生长水温为25~28℃。其对水中溶氧的要求较高,适宜生长的溶氧量是5毫克/升以上。

长吻鮠为肉食性鱼类,主要摄食底栖无脊椎动物和小型鱼类,经驯化后能很好地摄取人工配合饲料。长吻鮠生长较快,当年繁殖的鱼苗到年底可长至100克,次年可养至500克的上市规格,3龄鱼的体重达1千克。最大个体可达15千克,常见者多为2~4千克。

长吻鮠一般4~5龄达性成熟,体重3~6千克的雌鱼怀卵量为2万~10万粒。产卵期为4~6月,成鱼上溯至砾石底的河水急流处产卵。受精卵有黏性,粘在砾石上孵化。

(二) 养殖技术

长吻鮠的养殖优点是能摄取配合饲料,在池塘中生长较快、容易捕捞;养殖缺点是对溶氧要求高,对药物比较敏感,人工繁殖困难,苗种价格相对较高。

人工繁殖长吻鮠的难度较大,养殖户多是从繁殖场购买3~5厘米的鱼种开始饲养,越冬后再进行为期一年的商品鱼饲养。

1. 鱼种培育 鱼种培育池宜选用水泥池或小型土池,要求池底无淤泥,注排水方便、水质良好。

从繁殖场购买3~5厘米的鱼种,鱼种要规格整齐、体质健壮,并且要关注是否经过驯食,经过驯食的鱼种能够摄取配合饲料。

根据池塘的水质情况确定放养密度。一般来说,3厘米的鱼种,每平方米水面放5尾左右;5厘米的鱼种,每平方米水面放2尾左右。长吻鮠的鱼种培育池中可适当搭配部分鲢鱼、鳙鱼种,以改善水质。

投喂配合饲料或鲜活饲料,黄昏时分适当多喂,具体投喂量要根据天气、水质以及鱼的吃食情况以及饲料种类而定。

保持水质良好,防止缺氧浮头。如果发现长吻鮠鱼种白天在水的中上层活动,极有可能是水中缺氧,应及时冲水。

2. 商品鱼饲养 饲养长吻鮠商品鱼的池塘要求水质清新,淤泥少,面积2 000~2 668 米^2,水深1.5~2米,配备有增氧机。水中放一些水生植物,以遮蔽光线、降低水温、改善水质,有利于长吻鮠生长。

鱼种放养前15天,用生石灰清塘。待池中有大量水蚤时,放入鱼种。鱼种要求体质健壮,规格以每尾100克左右为好。每亩水面放500尾左右,并适当搭配一些鲢鱼、鳙鱼,以控制水质。

尽量投喂配合饲料,如果鱼种未经驯食,应投喂鲜活饲料,如蚯蚓、切碎的鱼肉等,日投喂量为鱼体总重的3%~5%。

经常换水,适时开增氧机,保持水质清爽,溶氧充足。水的透明度尽量控制在40厘米左右,溶氧保持在5毫克/升以上。

经半年多的饲养,100克的长吻鮠鱼种可长到500~1 000克的上市规格,每亩水面可产 300~400 千克。通常在 10 月下旬，即可分批起捕，将达到规格的商品鱼投放市场。

二十、圆田螺

圆田螺（图 6-20）分布很广，我国的湖泊、河流、水田、水库等淡水中都有出产。养殖圆田螺不仅能够提供优质的水产品，还能为池塘养殖鱼类供应鲜活的优质饲料，形成"鱼—螺"生态循环养殖模式。在多种田螺中，圆田螺因个体大、适应性强、营养价值高、市场需求稳定而受到养殖户的青睐。

图 6-20　圆田螺

随着人们健康饮食意识的提高，圆田螺作为一种高蛋白、低脂肪的食材，市场需求逐年增加，而且养殖投资少，生长周期短，市场需求稳定，具有较好的经济效益。

（一）生活习性

圆田螺喜欢生活在水质清澈、溶氧丰富、底质松软且有一定腐殖质的淡水中，常常是栖息在水边的泥土表面、水生植物上或隐藏在水底的石头、木头缝隙中。在自然条件下，圆田螺主要在夜间或黄昏时分活动，白天多藏匿于遮蔽处，如躲藏在水草中来逃避天敌的威胁。遇到危险时，圆田螺会迅速将柔软的身体缩回壳内，紧闭壳盖，以此保护自己不受侵害。这种昼伏夜出的习性使得它们在光线较暗的环境中更为活跃。

圆田螺最适宜的生长温度范围是 20~27℃，在这个区间内摄食最旺盛，生长迅速。当水温超过 30℃ 时，圆田螺会寻找遮蔽处避暑，避免高温带来的伤害。秋季水温低于 10℃ 时，圆田螺进入休眠状态，停止进食，直至春季气温回升才恢复活动。

圆田螺属于杂食性动物，以水生植物的嫩叶、藻类、有机碎屑为食。在人工养殖条件下，可以投喂米糠、豆饼、菜叶等植物性饲料，以及适量的动物性饲料，如鱼粉，以保证营养均衡。

圆田螺是体内受精的卵胎生动物，雌螺每次可产数十至数百个仔螺。繁殖季节多集中在春、秋两季。

（二）养殖技术

圆田螺具有食性杂、繁殖力强、管理简便等养殖特点。圆田螺养殖还有助于改善池塘水质，促进生态平衡，是一种环保型的养殖模式。

1. 场地选择与建设　圆田螺养殖的首要步骤是选择合适的养殖场地，池塘或水田等均可。理想的养殖场地应具备以下特点：水质清洁无污染，水深保持在 30～60 厘米，底部有软泥层，有利于圆田螺的栖息和觅食。

2. 苗种放养　在圆田螺养殖中，放养密度和时间是比较关键的。一般推荐每平方米水面放养 100～120 个圆田螺苗，同时可考虑套养少量的鲢鱼、鳙鱼种（每平方米水面约 5 尾），以促进水体生态平衡，提高经济效益。圆田螺的放养时间通常选在春季，这时气温逐渐回暖，有利于圆田螺的生长和繁殖。

3. 饲料与投喂　圆田螺属于杂食性动物，日常饲料可以多样化，包括青菜、米糠、鱼内脏、菜饼、豆饼等。投喂时需将食物剁碎并混合均匀，保证营养均衡。此外，初期可以在养殖池中施入适量有机肥料，如粪肥，以促进水中浮游生物的生长，为圆田螺提供自然饵料。

4. 水质管理　保持良好的水质是圆田螺健康生长的基础。养殖过程中应定期换水，保持水体的流动性，避免水质恶化。可以通过安装增氧设备或自然流动的方式增加水体含氧量，同时定期检测水质指标，如溶解氧等，确保其在适宜范围内。

5. 捕捞上市　根据市场需求，在适宜的季节（通常为夏、秋两季）捕捉圆田螺上市，主要有以下方法：用手或网具在水底淤泥中轻轻搜寻，收集达到上市规格的商品螺；利用圆田螺夜晚爬到浅水处觅食的习性，在水边放置带有遮蔽物的容器，内设食物诱饵，第二天清晨收集容器中的圆田螺；适当降低池塘水位，迫使圆田螺聚集在浅水局部区域，集中捞取，经筛选后推向市场。

第七章 鱼病防治

一、鱼类患病原因

(一) 自然因素

主要是物理因素和化学因素的影响。物理因素主要包括水温、透明度；化学因素主要包括溶解氧、盐度、pH值、氨氮、亚硝酸盐等。鱼类生活在不适宜的环境中，抵抗力差，易患病死亡。

(二) 营养因素

鱼类健康生长需要适合的营养，即使同一鱼类不同的生长阶段，需要的营养也不相同。若饵料不足，可患萎瘪病和跑马病（鱼苗）或生长慢；若营养不全面，会患营养缺乏症；若饵料不新鲜适口，可患肠炎等。

(三) 人为因素

人为操作不当，使鱼体受伤，可感染细菌或水霉菌等。如果过于追求产量，饲养密度过大，易造成鱼类缺氧；或养殖品种、大小比例搭配不当，造成相互蚕食等现象，最终导致鱼病发生。

(四) 生物因素

某些生物侵入鱼体可使鱼患病，这些生物被称为病原体。鱼类的病原体分为微生物和寄生虫两大类。病原体有病毒、细菌、霉菌等，由它们引起的鱼病叫传染性鱼病；寄生虫病原体有原生动物、蠕虫、甲壳动物和水蛭等，由它们引起的鱼病叫侵袭性鱼病或寄生虫性鱼病。另外，还有些生物，如水鸟、水蛇、青蛙、水生昆虫、水螅、水网藻等，有时也会为害鱼类，常把它们称为鱼类的敌害生物。

二、鱼病诊断方法

快速准确地诊断鱼病，对控制鱼病的蔓延，减少经济损失很重要。诊断鱼病可从以下两方面进行。

（一）了解发病情况

掌握病鱼在水中的活动和死亡情况，可帮助诊断鱼病。如多种鱼混养的池塘，仅有草鱼患病，应首先怀疑是草鱼"三病（赤皮、烂鳃、肠炎）"；如仅是鲢鱼和鳙鱼患病，应怀疑是出血病。有些病的症状在水中更易观察，如水霉病等。所以，鱼一旦表现不正常，应首先到池塘边观察池水和鱼的活动情况。有的养鱼者，把浮头引起的死鱼也当作病鱼对待，这就不当了。

（二）进行鱼体检查

要正确诊断鱼病，除了了解发病情况，还必须进行鱼体检查。要检查的鱼最好是患病且没死的或刚刚死去的，通常需要3～5尾。

肉眼检查，主要是从病鱼的症状上来判断，少数大型寄生虫，如鱼鲺、锚头鳋、鱼怪等，可看到病原体，水霉发病后期也可清楚地看到白色菌丝。检查部位先看体表（头、嘴、眼、鳃盖、鳞、鳍）是否有病原体，是否有很多黏液，是否有充血、腐烂现象等。再查鳃，看鳃丝是否发白溃烂，是否黏液特多，是否有蛆一样的白色小虫等。最后打开体腔，看内脏，特别是肠，是否有病变。表7-1中列出了养殖鱼类常见病的肉眼检查方法。肉眼检查后，有些病症仍不能判定，就需要用显微镜检查。

表 7-1　常见鱼病肉眼鉴别症状

类别	病名	发病时间	肉眼鉴别主要症状
肠道病	出血病	4~10月，其中8~9月为甚	肌肉、口腔、各种鳍条的基部充血，尤以臀鳍为甚。剥去皮肤可见肌肉点状出血，严重病鱼肌肉全部发红。有时可见鱼体发红，不用剥开，就可判断。有时鳃盖、眼圈、肠道也有充血现象，鳃失去鲜红色或呈苍白色
肠道病	肠炎	5~6月，8~9月	肛门红肿，严重者轻压腹部有脓血或黄色黏液从肛门流出，肠道部分或全部发炎，呈紫红色
肠道病	球虫病	4~7月，其中以5~6月为甚	鳃丝苍白，严重者腹部稍膨大，肠道前端内壁生有许多米粒状的球虫胞囊
鳃病	烂鳃病	4~10月	鳃丝腐烂发白，尖端软骨外露，鳃上附有污泥并常带黄色黏液，严重者鳃盖骨被腐蚀成一个半透明的小窗，俗称"开天窗"
鳃病	鳃霉病	5~7月	鳃呈苍白色，有时有点状充血或出血现象，继而腐烂。本病常出现暴发性的急剧死亡
鳃病	隐鞭虫病、车轮虫病、斜管虫病、舌杯虫病、口丝虫病	5~8月，2~5月	体瘦发黑，漂浮于水面。由于虫体大量繁殖和骚扰，使病鱼鳃部产生大量黏液，鳃丝鲜红
鳃病	指环虫病	5~7月	鳃上黏液增多，鳃瓣全部或局部呈苍白色。严重时，鳃部水肿，鳃盖张开
鳃病	中华鳋病	6~10月	鳃丝末端挂着像蝇蛆一样的白色小虫
皮肤病	赤皮病	5~9月	体表局部或大部充血、发炎，鳞片脱落，尤以腹部最为明显，表皮腐烂或鳍条蛀断
皮肤病	打印病	5~10月	尾柄或腹部两侧出现圆形、卵形或椭圆形红斑，严重时肌肉腐烂成小洞，可见骨骼或内脏。本病由外部烂入

续表

类别	病名	发病时间	肉眼鉴别主要症状
皮肤病	白皮病	5~10月	背鳍后部至尾柄末端的皮肤发白，呈白雾状，与身体前半部颜色显著不同
	疖疮病	5~9月	鱼体背部两侧有水肿脓疮，用手触摸有水肿感觉。剪开表皮，肌肉呈脓血状。本病由内部烂出
	白头白嘴病	5~7月	病鱼体瘦发黑，漂浮在岸边，头顶和嘴的周围发白，严重时发生腐烂。常发生于鱼苗和初期夏花阶段
	水霉病	终年可见，以2~5月为甚	水霉等菌丝深入肌肉，蔓延扩展。体表向外生长似旧棉絮状的菌丝，最后鱼体瘦弱致死
	车轮虫病	5~8月	鳃部充血，头部发红，嘴圈周围有时呈现白色。病情严重时常群集在塘边形成"跑马"现象
	斜管虫病	3~5月	体表黏液增多，表面常形成一层淡蓝灰色薄膜
	小瓜虫病	3~6月	体表、鳍条或鳃部布满白色小点状的脓疱
	鲤嗜子宫线虫病	3~5月	鳞片下有盘曲的红色虫体
	钩介幼虫病	5~6月	脑部充血，嘴圈发白，仔细观察可见嘴部、鳍或鳃上有米色小点
	锚头鳋病	6~10月	体表寄生着针状虫体，虫体寄生处组织红肿发炎，鳞片常被蛀蚀成缺口
	鲺病	4~8月	体表寄生着形似臭虫状的虫体，大的如小指甲，小的也有米粒大，能在体表爬动
	鲤疱疹病毒病	3~5月，10~12月	鱼体皮肤上出现苍白的块斑和水泡，鱼眼凹陷
	细菌性败血症	5~9月	病鱼上下颌、口腔、鳃盖、眼睛及鱼体两侧等充血、出血；混养池塘，病鱼不分品种、大小，无固定发病顺序，均出现发病症状或死亡
	鲢鱼出血病	4~10月	病鱼上下颌、口腔、鳃盖、眼睛及鱼体两侧等充血、出血；混养池塘，只有鲢鱼出现发病症状或死亡
其他病害	竖鳞病	3~5月	体表粗糙，部分鳞片（多半在尾部）向外张开像松球，形成竖鳞。鳞片下聚集透明液体，有时鳍基附近皮下充血，眼球突出，腹部膨胀等

续表

类别	病名	发病时间	肉眼鉴别主要症状
其他病害	鲢疯狂病	终年可见，以4～12月为甚	身体瘦弱，体色暗淡，鱼体后半部上翘，常在水面打圈。打开头骨可见白点状的黏孢子虫胞囊
	舌状绦虫病	终年可见	腹部肿大，剪开腹部可见体腔内有条带状虫体
	复口吸虫病	5～8月	脑部充血，嘴圈发白，眼球突出，有的眼球浑浊，呈乳白色，甚至眼球脱落
	鱼怪病	终年可见	鱼体胸鳍基部有一个像黄豆大小的洞，洞内可见虫体，虫体较大
	打粉病	5～8月	鱼体全身像裹了一层米粉的样子
	气泡病	5～6月	肠道中有气泡，或体表、鳍条、鳃丝附有较多气泡，使鱼漂浮水面，沉不下去
	跑马病	5～6月	鱼围绕塘边群集狂游，长时间不止，像"跑马"一样
	萎瘪病	终年可见，以8～10月为甚	鱼体干瘪枯瘦，头大尾小，背似刀刃
	弯体病	6～7月	鱼体弯曲，有时鳃盖骨、嘴部上下颌和鳍条都出现畸形
	水蜈蚣	5～7月	水蜈蚣为一种水生昆虫——龙虱的幼虫，形如蜈蚣。常用头部一对"钳"夹住鱼苗或幼鱼吃掉，所以俗称"水夹子"，大者可达4厘米以上
	青泥苔	5～9月	早期为经色丝状，直立水中；后期丝体断离池底，乱丝状漂浮于水面，如绿棉絮状

三、鱼病预防

鱼生活在水中，它们的活动、摄食等不容易观察。池鱼一旦患病，往往传染较快，特别是病毒和细菌引起的鱼病。病鱼丧失食欲，喂药很难奏效，而注射的办法又行不通，只能全池泼洒药物。这对体表和鳃部的疾病有效，但对内脏疾病收效甚微。所以，预防鱼病非常重要，一定要树立"预防为主，防治结合"的思想。

预防鱼病除保持水质良好，溶氧充足，给鱼投喂营养全面适口的饲料外，还要采取以下几种方式。

(一) 鱼池放养前必须清塘

具体方法参看第四章"鱼苗的培育"和"鱼种的培育"。

(二) 鱼种入塘前药物浸洗

鱼种药物浸洗消毒常用药物见表 7-2。

表 7-2 鱼种药物浸洗消毒用药

药名	浓度/(克/米^3)	水温/℃	浸洗时间/分钟	可防治的鱼病	注意事项
硫酸铜+含氯石灰	8+10	10～15	20～30	细菌性烂鳃病、赤皮病、隐鞭虫、车轮虫、斜管虫、毛管虫、中华鳋等病	1. 浸洗时间视鱼体健康程度和温度高低做适当调整 2. 使用含氯石灰要选择干燥粉末，受潮结块的不能使用。药液要现配，时间过长会失效 3. 两种药物合用时，要分别在容器中溶解，消毒时再一起倒入水中 4. 高锰酸钾需当时配制，不可在阳光直射下浸洗。用水以清澈的河水或井水为好。如水质太浑浊会降低药效 5. 当看到鱼呼吸停止时，将鱼连药水一起倒入塘中
硫酸铜	8	10～15 15～20	20～30 15～20	隐鞭虫、车轮虫、斜管虫、毛管虫、中华鳋等病	
含氯石灰	10	10～15 15～20	20～30 15～20	细菌性皮肤病和烂鳃病	
精制敌百虫粉+面碱	5+3	10～15	20～30	三代虫、指环虫、中华鳋、锚头鳋、鲴等病	
高锰酸钾	10 20	10～20 25～30 10～20 20～25	2～2.5 小时 0.5～1.5 小时 20～30 15～20	三代虫、指环虫、车轮虫、斜管虫等病及锚头鳋病	

注：表中硫酸铜、含氯石灰、高锰酸钾在水温 20℃以上使用时，浸洗时间应视鱼的忍耐程度而定。

（三）悬吊药物消毒

在发病高峰期或流行期将药物装于竹篓或布袋内，然后悬挂在鱼经常活动的水域内，如食场、食台附近，使这里一直保持较高的药物浓度，鱼在该区域活动时，即可达到杀虫消毒目的。此法安全、有效，且用药量少，在生产中经常应用。应注意的是，有的药物异味较大，挂在食场附近会影响鱼的摄食量，投喂饲料时应适当减量。

（四）喂服预防药物

经常把某些抗菌杀虫药物，按一定比例拌入饵料中投喂，连用2~3天，防病效果也很好。

四、药物防治鱼病的注意事项

用药物防治鱼病，应注意以下几方面的问题。

（一）及早用药

根据养鱼经验，准确预测鱼类发病时间，勤于观察，及早发现鱼病。确诊后，及时用药，防患于未然，往往事半功倍。

（二）准确用药

用药前一定要了解药物的性能和用量。如硫酸铜和硫酸亚铁合剂全池泼洒，对寄生虫引起的皮肤病和鳃病有较好的效果，但每立方米水体用药少于0.5克无效，大于1克会将鱼杀死。如加高锰酸钾浸洗鱼种，能很好地杀死三代虫、指环虫、斜管虫，但用药量与水温、浸洗时间关系密切，而且浸洗时要充气，以防止鱼因缺氧而死亡。在浸洗过程中，要注意观察，发现鱼难以忍受时，应及时捞出。

（三）注意禁忌

有些鱼对某些药物非常敏感，应禁止使用。如敌百虫不能用于虾、蟹、淡水白鲳（短盖巨脂鲤）的病害防治，硫酸亚铁不能用于乌鳢的疾病防治。

（四）注意剂型

拌药投喂时，有条件的要尽量制成颗粒饵料，便于鱼类吞食，同时防止药物散失。

（五）药物的选择

防治鱼病选择使用的药品，应当以相关法律法规和规范性文件为准。坚持水产养殖规范用药"六个不用"原则：一不用禁停用药物，二不用假劣兽药，三不用原料药，四不用人用药，五不用化学农药，六不用未批准的水产养殖用兽药。

用于预防、治疗、诊断水产养殖动物疾病或者有目的地调节水产养殖动物生理机能的物质，必须有农业农村部核发的兽药产品批准文号（或进口兽药注册证号）和二维码标识。没有批号或未赋二维码的，依法应按照假、劣兽药处理。一旦发现假、劣兽药，应立即向当地农业农村（畜牧兽医）主管部门举报，杜绝购买使用假、劣兽药。目前水产养殖食用动物中禁止使用的药品及其他化合物清单见表7-3，水产养殖食用动物中停止使用的兽药见表7-4，目前已批准的水产养殖用兽药见表7-5。请注意农业农村部公告，有更新的以最新公告为准。

表 7-3　水产养殖食用动物中禁止使用的药品及其他化合物清单

序号	名称
1	酒石酸锑钾（Antimony potassium tartrate）
2	β-兴奋剂（β-agonists）类及其盐、酯
3	汞制剂：氯化亚汞（甘汞）（Calomel）、醋酸汞（Mercurous acetate）、硝酸亚汞（Mercurous nitrate）、吡啶基醋酸汞（Pyridyl mercurous acetate）

续表

序号	名称
4	毒杀芬（氯化烯）（Camahechlor）
5	卡巴氧（Carbadox）及其盐、酯
6	呋喃丹（克百威）（Carbofuran）
7	氯霉素（Chloramphenicol）及其盐、酯
8	杀虫脒（克死螨）（Chlordimeform）
9	氨苯砜（Dapsone）
10	硝基呋喃类：呋喃西林（Furacilinum）、呋喃妥因（Furadantin）、呋喃它酮（Furaltadone）、呋喃唑酮（Furazolidone）、呋喃苯烯酸钠（Nifurstyrenate sodium）
11	林丹（Lindane）
12	孔雀石绿（Malachite green）
13	类固醇激素：醋酸美仑孕酮（Melengestrol Acetate）、甲基睾丸酮（Methyltestosterone）、群勃龙（去甲雄三烯醇酮）（Trenbolone）、玉米赤霉醇（Zeranal）
14	安眠酮（Methaqualone）
15	硝呋烯腙（Nitrovin）
16	五氯酚酸钠（Pentachlorophenol sodium）
17	硝基咪唑类：洛硝达唑（Ronidazole）、替硝唑（Tinidazole）
18	硝基酚钠（Sodium nitrophenolate）
19	己二烯雌酚（Dienoestrol）、己烯雌酚（Diethylstilbestrol）、己烷雌酚（Hexoestrol）及其盐、酯
20	锥虫砷胺（Tryparsamile）
21	万古霉素（Vancomycin）及其盐、酯

注：依据农业农村部公告第250号。

表 7-4 水产养殖食用动物中停止使用的兽药

序号	名称	依据
1	洛美沙星、培氟沙星、氧氟沙星、诺氟沙星 4 种兽药的原料药的各种盐、酯及其各种制剂	农业农村部公告第 2292 号
2	噬菌蛭弧菌微生态制剂（生物制菌王）	农业农村部公告第 2294 号
3	喹乙醇、氨苯砷酸、洛克沙胂 3 种兽药的原料药及各种制剂	农业农村部公告第 2638 号

表 7-5 已批准的水产养殖用兽药（截至 2022 年 9 月 30 日）

序号	名称	依据	休药期
抗生素			
1	甲砜霉素粉 *	A	500 度日
2	氟苯尼考粉 *	A	375 度日
3	氟苯尼考注射液 *	A	375 度日
4	氟甲喹粉 *	B	175 度日
5	恩诺沙星粉（水产用）*	B	500 度日
6	盐酸多西环素粉（水产用）*	B	750 度日
7	维生素 C 磷酸酯镁盐酸环丙沙星预混剂 *	B	500 度日
8	盐酸环丙沙星盐酸小檗碱预混剂 *	B	500 度日
9	硫酸新霉素粉（水产用）*	B	500 度日
10	磺胺间甲氧嘧啶钠粉（水产用）*	B	500 度日
11	复方磺胺嘧啶粉（水产用）*	B	500 度日
12	复方磺胺二甲嘧啶粉（水产用）*	B	500 度日
13	复方磺胺甲噁唑粉（水产用）*	B	500 度日
驱虫和杀虫药			
14	复方甲苯咪唑粉	A	150 度日
15	甲苯咪唑溶液（水产用）*	B	500 度日
16	地克珠利预混剂（水产用）	B	500 度日
17	阿苯达唑粉（水产用）	B	500 度日
18	吡喹酮预混剂（水产用）	B	500 度日
19	辛硫磷溶液（水产用）*	B	500 度日
20	敌百虫溶液（水产用）*	B	500 度日
21	精制敌百虫粉（水产用）*	B	500 度日

续表

序号	名称	依据	休药期
22	盐酸氯苯胍粉（水产用）	B	500度日
23	氯硝柳胺粉（水产用）	B	500度日
24	硫酸锌粉（水产用）	B	未规定
25	硫酸锌三氯异氰脲酸粉（水产用）	B	未规定
26	硫酸铜硫酸亚铁粉（水产用）	B	未规定
27	氰戊菊酯溶液（水产用）*	B	500度日
28	溴氰菊酯溶液（水产用）*	B	500度日
29	高效氯氰菊酯溶液（水产用）*	B	500度日
抗真菌药			
30	复方甲霜灵粉	C2505	240度日
消毒剂			
31	三氯异氰脲酸粉（水产用）	B	未规定
32	三氯异氰脲酸粉（水产用）	B	未规定
33	浓戊二醛溶液（水产用）	B	未规定
34	稀戊二醛溶液（水产用）	B	未规定
35	戊二醛苯扎溴铵溶液（水产用）	B	未规定
36	次氯酸钠溶液（水产用）	B	未规定
37	过碳酸钠（水产用）	B	未规定
38	过硼酸钠粉（水产用）	B	0度日
39	过氧化钙粉（水产用）	B	未规定
40	过氧化氢溶液（水产用）	B	未规定
41	含氯石灰（水产用）	B	未规定
42	苯扎溴铵溶液（水产用）	B	未规定
43	癸甲溴铵碘复合溶液	B	未规定
44	高碘酸钠溶液（水产用）	B	未规定
45	蛋氨酸碘粉	B	虾0日
46	蛋氨酸碘溶液	B	鱼、虾0日
47	硫代硫酸钠粉（水产用）	B	未规定
48	硫酸铝钾粉（水产用）	B	未规定
49	碘附（Ⅰ）	B	未规定
50	复合碘溶液（水产用）	B	未规定
51	溴氯海因粉（水产用）	B	未规定
52	聚维酮碘溶液（Ⅱ）	B	未规定
53	聚维酮碘溶液（水产用）	B	500度日

第七章 鱼病防治

续表

序号	名称	依据	休药期
54	复合亚氯酸钠粉	C2236	0度日
55	过硫酸氢钾复合物粉	C2357	未规定
中药材和中成药			
56	大黄末	A	未规定
57	大黄芩鱼散	A	未规定
58	虾蟹脱壳促长散	A	未规定
59	穿梅三黄散	A	未规定
60	蚌毒灵散	A	未规定
61	七味板蓝根散	B	未规定
62	大黄末（水产用）	B	未规定
63	大黄解毒散	B	未规定
64	大黄芩蓝散	B	未规定
65	大黄侧柏叶合剂	B	未规定
66	大黄五倍子散	B	未规定
67	三黄散（水产用）	B	未规定
68	山青五黄散	B	未规定
69	川楝陈皮散	B	未规定
70	六味地黄散（水产用）	B	未规定
71	六味黄龙散	B	未规定
72	双黄白头翁散	B	未规定
73	双黄苦参散	B	未规定
74	五倍子末	B	未规定
75	石知散（水产用）	B	未规定
76	龙胆泻肝散（水产用）	B	未规定
77	加减消黄散（水产用）	B	未规定
78	百部贯众散	B	未规定
79	地锦草末	B	未规定
80	地锦鹤草散	B	未规定
81	芪参散	B	未规定
82	驱虫散（水产用）	B	未规定
83	苍术香连散（水产用）	B	未规定
84	扶正解毒散（水产用）	B	未规定
85	肝胆利康散	B	未规定
86	连翘解毒散	B	未规定

续表

序号	名称	依据	休药期
87	板黄散	B	未规定
88	板蓝根末	B	未规定
89	板蓝根大黄散	B	未规定
90	青莲散	B	未规定
91	青连白贯散	B	未规定
92	青板黄柏散	B	未规定
93	苦参末	B	未规定
94	虎黄合剂	B	未规定
95	虾康颗粒	B	未规定
96	柴黄益肝散	B	未规定
97	根莲解毒散	B	未规定
98	清健散	B	未规定
99	清热散（水产用）	B	未规定
100	脱壳促长散	B	未规定
101	黄连解毒散（水产用）	B	未规定
102	黄芪多糖粉	B	未规定
103	银翘板蓝根散	B	未规定
104	雷丸槟榔散	B	未规定
105	蒲甘散	B	未规定
106	博落回散	C2374	未规定
107	银黄可溶性粉	C2415	未规定
生物制品			
108	草鱼出血病灭活疫苗	A	未规定
109	草鱼出血病活疫苗（GCHV-892株）	B	未规定
110	牙鲆鱼溶藻弧菌、鳗弧菌、迟缓爱德华菌病多联抗独特型抗体疫苗	B	未规定
111	嗜水气单胞菌败血症灭活疫苗	B	未规定
112	鱼虹彩病毒病灭活疫苗	C2152	未规定
113	大菱鲆迟钝爱德华氏菌活疫苗（EIBAV1株）	C2270	未规定
114	大菱鲆鳗弧菌基因工程活疫苗（MVAV6203株）	D158	未规定
115	鳜传染性脾肾坏死病灭活疫苗（NH0618株）	D253	未规定
维生素类			
116	亚硫酸氢钠甲萘醌粉（水产用）	B	未规定
117	维生素C钠粉（水产用）	B	未规定

续表

序号	名称	依据	休药期
激素类			
118	注射用促黄体素释放激素 A$_2$	B	未规定
119	注射用促黄体素释放激素 A$_3$	B	未规定
120	注射用复方鲑鱼促性腺激素释放激素类似物	B	未规定
121	注射用复方绒促性素 A 型（水产用）	B	未规定
122	注射用复方绒促性素 B 型（水产用）	B	未规定
123	注射用绒促性素（Ⅰ）	B	未规定
124	鲑鱼促性腺激素释放激素类似物	D520	未规定
其他类			
125	多潘立酮注射液	B	未规定
126	盐酸甜菜碱预混剂（水产用）	B	0 度日

注：①已批准的兽药名称、用法用量和休药期，以兽药典、兽药质量标准和相关公告为准；

②代码解释，A 为兽药典 2020 年版，B 为兽药质量标准 2017 年版，C 为农业部公告，D 为农业农村部公告；

③休药期中"度日"是指水温与停药天数乘积，如某种兽药休药期为 500 度日，当水温 25℃，至少需停药 20 日，即 25℃×20 日＝500 度日；

④水产养殖生产者应依法做好用药记录，使用有休药期规定的兽药必须遵守休药期；

⑤带＊的为兽用处方药，需凭借执业兽医开具的处方购买和使用；

⑥如需了解每种兽药的详细信息，请扫描二维码（图 7-1）查看。

图 7-1　水产养殖用兽药详细说明

五、常见鱼病的防治

（一）传染性鱼病

1. 草鱼出血病

【病原】 呼肠孤病毒。

【症状】 鱼体各部出血，如鳍条基部、鳃、眼眶、口腔以及肌肉、肠管、鳔、肝脏、胰脏等。6~10厘米长的草鱼种患病时，往往症状最典型，即肌肉严重充血，全身呈红色，俗称红肌肉病。13~16厘米长的草鱼种患病时，肠管、鳍基、鳃盖、口腔呈红色，即常说的红鳍红鳃盖型。大于20厘米或2龄以上的草鱼，通常以肠道出血为主，即常说的肠炎型。

【危害及流行情况】 主要危害当年草鱼种，死亡率可达30%~50%。每年6~9月是本病流行季节，8月为流行高峰，水温25℃以下病情可逐渐消失。

【防治方法】 鱼种投放前，可采用注射草鱼出血病灭活疫苗或弱毒疫苗的方法预防。一旦发病，无特效药物，但可以通过提高动物自身免疫力、改善水质、控制细菌病等阻止继发感染，达到一定的治疗效果。

常见治疗方法：①外用戊二醛苯扎溴铵溶液（10%戊二醛＋10%苯扎溴铵，每立方米水体用1.5毫升）＋暴血停（40%辛硫磷溶液，每立方米水体用0.025~0.03毫升），或作用相近的其他同类产品，全池均匀泼洒，每天1次，连用2天。②同时内服滨阳富康（10%氟苯尼考粉，每千克鱼体重用药100~150毫克）＋肝胆利康散（每千克鱼体重用药100毫克）＋渔用多维（1%复合维生素，每千克饲料拌入3克），或作用相近的其他同类产品，拌料投喂，每天2次，连用5~7天。③同时外用碧水解毒安（10%复合有机酸，每立方米水体用0.5毫升）、碧优清（50%过硫酸氢钾复合盐，每立方米水体用0.6~1克），或同类型的水质和底质改良剂，全池均匀泼洒，每天1次，连用2~3天。

2. 鲤疱疹病毒病

【病原】 鲤疱疹病毒3型，又名锦鲤疱疹病毒。

【症状】 患病鱼无力、无食欲，呈无方向感的游泳，或在水中呈头朝下、尾朝上的姿势漂游，甚至停止游泳。鱼体皮肤上出现苍白的块斑和水泡，鳍条，尤其是尾鳍，充血，鳃出血并产生大量黏液，或出现大小不等的块斑状组织坏死；鳞片有血丝，鱼眼凹陷，类似寄生虫感染和细菌感染，出现症状后24~48小时死亡。肠道出血，后肾肿大，胆固缩，颜色变深。

【危害及流行情况】 传播迅速，可感染任何年龄的锦鲤与鲤鱼，死亡率高达80%~100%。发病最适温度为23~28℃（低于18℃、高于30℃不会引起死亡）。已感染的鱼，在水温18~27℃范围内持续时间越长，疾病暴发的可能性越大，在此水温范围外死亡率明显降低。该病多发生于高温季节，潜伏期14天，鱼发病并出现症状24~48小时后开始死亡，2~4天内死亡率可迅速达80%~100%。主要通过水平传播。

【防治方法】 ①外用滨阳高碘（以碘计，含量1.8%~2%的复合碘溶液，每立方米水体用0.1毫升）或其他温和型消毒剂，全池均匀泼洒，每天1次，连用2~3次。②同时内服滨阳富康（10%氟苯尼考粉，每千克鱼体重用药100~150毫克）+免疫多糖（10%低聚壳聚糖，每千克饲料拌入3克），拌料投喂，防止细菌继发感染、增强免疫力等。③同时外用增氧底毒净（20%高铁酸钾片，每立方米水体用0.2克）、氧立得（8%过碳酸钠，每立方米水体用0.45克），或同类型底质改良剂，全池均匀泼洒，每天1次，连用2~3天。

3. 赤皮病

【病原】 荧光假单胞菌。

【症状】 体表局部或大部出血发炎，鳞片脱落，尤以鱼体两侧和腹部最明显，严重时鳍基部出血，鳍条末端腐烂，鱼上下颌与鳃盖充血，呈现块状红斑。常与烂鳃、肠炎并发。

【危害及流行情况】 主要危害草鱼，也能危害青鱼、鲤鱼。发病8~10天鱼就开始死亡，终年可见。

【防治方法】 ①外用滨阳优碘（10%聚维酮碘溶液，每立方米水体用

0.45～0.75毫升）或其他温和型消毒剂＋水霉净（20%大蒜素，每立方米水体用0.15～0.25毫升），全池均匀泼洒，每天1次，连用2次。②同时内服狄诺康（10%恩诺沙星，每千克鱼体重用药100～200毫克）＋肝胆利康散（每千克鱼体重用药100毫克）＋渔用多维（1%复合维生素，每千克饲料拌入3克），拌料投喂，每天2次，连用5～7天。③注意水质和底质调节，可以外用碧水解毒安（10%复合有机酸，每立方米水体用0.5毫升）＋乳酸菌（活菌数10^8个/毫升，每立方米水体用0.45～1.0毫升）或光合细菌（活菌数10^8个/毫升，每立方米水体用0.6～1毫升）调节水质。

4. 烂鳃病（细菌性烂鳃病）

【病原】　柱状黄杆菌。

【症状】　发病初期，鱼离群独游，后体色变黑，停止摄食。肉眼检查可见鳃丝腐烂发白，粘有污泥、黏液，严重时鳃盖腐蚀成一透明小区，俗称"开天窗"。

【危害及流行情况】　主要危害草鱼，青鱼、鲢鱼、鳙鱼、鲤鱼也可感染。流行于5～9月（水温20℃以上），在水温28～35℃时最严重。

【防治方法】　①外用二氧化氯粉（每立方米水体用0.11～0.15克）或滨阳优碘（10%聚维酮碘溶液，每立方米水体用0.45～0.75毫升），全池均匀泼洒，每天1次，连用2～3天。②同时内服渔富康（5%甲砜霉素，每千克鱼体重用药0.35克）＋肝胆利康散（每千克鱼体重用药100毫克）＋渔用多维（1%复合维生素，每千克饲料拌入3克），拌料投喂，每天2次，连用5～7天。③注意水质变化，及时用乳酸菌（活菌数10^8个/毫升，每立方米水体用0.45～1.0毫升）或芽孢杆菌（活菌数10^9个/克，每立方米水体用0.3～0.6克）等调节水质；用碧优清（50%过硫酸氢钾复合盐，每立方米水体用0.6～1克）或作用相近的同类型产品改良底质。

提示：车轮虫、指环虫、三代虫等寄生虫寄生在鱼鳃上，也可引起烂鳃病，但其治疗方法与细菌性烂鳃病不同。一旦显微镜检查发现鳃部有寄生虫，参见后文寄生虫病的治疗方法。

5. 肠炎

【病原】　肠型点状产气单胞菌、嗜水气单胞菌、豚鼠气单胞菌等。

【症状】 病鱼游动迟缓，失去食欲，头部变黑，腹部出现红斑，肛门红肿，轻压腹部有黄红色黏液流出。剖开腹部，可见肠管出血发红，严重者全肠呈紫红色。病鱼很快死亡。

【危害及流行情况】 本病在草鱼、青鱼中很普遍，尤其是当年草鱼种，死亡率可达70%，流行季节在6～9月。

【防治方法】 ①保持水质清洁，流行季节每半月用乳酸菌（活菌数 10^8 个/毫升，每立方米水体用0.45～1毫升）或芽孢杆菌（活菌数 10^9 个/克，每立方米水体用0.3～0.6克）等调节水质1次；投喂新鲜饵料或每半月用乳酸菌（活菌数 10^8 个/毫升，每千克饲料拌入10毫升）拌料投喂，可很好地预防本病发生。②一旦发病，外用二氧化氯粉（每立方米水体用0.11～0.15克）或滨阳高碘（以碘计，含量1.8%～2%的复合碘溶液，每立方米水体用0.1毫升），全池均匀泼洒，每天1次，连用2～3天。③同时内服滨阳富康（10%氟苯尼考粉，每千克鱼体重用药100～150毫克）+肝胆利康散（每千克鱼体重用药100毫克）+渔用多维（1%复合维生素，每千克饲料拌入3克），拌料投喂，每天2次，连用5～7天；或用新安康（5%硫酸新霉素粉，每千克鱼体重用药100毫克）+胆汁酸Ⅳ型（30%胆汁酸，每千克饲料拌入3克），拌料投喂，每天2次，连用5～7天。④注意水质变化，及时用乳酸菌（活菌数 10^8 个/毫升，每立方米水体用0.45～1毫升）或芽孢杆菌（活菌数 10^9 个/克，每立方米水体用0.3～0.6克）等调节水质；用碧优清（50%过硫酸氢钾复合盐，每立方米水体用0.6～1克）或其他作用相近的产品改良底质。

6. 淡水鱼细菌性败血症

【病原】 嗜水气单胞菌等。

【症状】 疾病早期及急性感染时，病鱼可出现上下颌、口腔、鳃盖、眼睛及鱼体两侧轻度充血，肠内有少量食物。典型症状包括病鱼出现体表严重充血及内出血；眼球突出，眼眶周围充血（鲢鱼、鳙鱼更明显）；肛门红肿，腹部膨大，腹腔内积有淡黄色透明腹水，或红色混浊腹水；鳃、肝、肾的颜色均较淡，呈花斑状；肝脏、脾脏、肾脏肿大，脾呈紫褐色；胆囊肿大，肠系膜、肠壁充血，无食物，有的出现肠腔积水或气泡。部分病鱼还有鳞片竖起、肌肉充血和鳔壁后室充血等症状。

【危害及流行情况】　该病是我国流行地区最广、流行季节最长、危害淡水鱼的种类最多、危害鱼的年龄范围最大、造成损失最严重的急性传染病。危害对象主要是白鲫、普通鲫、异育银鲫、团头鲂、鲢鱼、鳙鱼、鲤鱼、斑点叉尾鮰、草鱼等食用鱼。从夏花鱼种到成鱼均可感染，以2龄成鱼为主，可发生于精养池塘、网箱和水库等养殖模式。发病严重的养鱼场发病率高达100％，重症鱼池死亡率95％以上。该病在水温9~36℃均有流行，流行时间为3~11月，高峰期为5~9月，10月后病情有所缓和。尤其水温持续在28℃以上，高温季节后水温仍保持25℃以上时最为严重。

【防治方法】　①清除池底过厚的淤泥，是预防该病的主要措施。②一旦发病，外用戊二醛苯扎溴铵溶液（10％戊二醛＋10％苯扎溴铵，每立方米水体用1.5毫升）＋暴血停（40％辛硫磷溶液，每立方米水体用0.025~0.03毫升），或作用相近的其他同类产品，全池均匀泼洒，每天1次，连用2天；配合使用二氧化氯泡腾片（每立方米水体用0.1~0.15克）改底1次，效果更佳。③同时内服狄诺康（10％恩诺沙星，每千克鱼体重用药100~200毫克）＋出血止（维生素K_3，每千克饲料拌入3克）＋肝胆利康散（每千克鱼体重用药100毫克），拌料投喂，每天2次，连用5~7天。④注意水质调节，可以选用光合细菌（活菌数10^8个/毫升，每立方米水体用0.6~1毫升）或乳酸菌（活菌数10^8个/毫升，每立方米水体用0.45~1毫升）或芽孢杆菌（活菌数10^9个/克，每立方米水体用0.3~0.6克）等调节水质，同时使用效果更加；用碧优清（50％过硫酸氢钾复合盐，每立方米水体用0.6~1克）或其他同类产品改良底质。

7. 白头白嘴病

【病原】　黏球菌属中的一种。

【症状】　额部、嘴周围至眼间的皮肤溃烂，呈现白色。离水后症状不明显，少数呈现红头白嘴症状。病鱼离群漫游，在岸上观察，很易辨别。

【危害及流行情况】　主要危害夏花草鱼，鲢鱼、鳙鱼、青鱼也能感染。本病来势迅猛，1日之内可使全池夏花死光。在华北地区发病季节为6~7月。

【防治方法】　①减小鱼苗放养密度或及时分塘，可预防本病发生。②治疗方法参见烂鳃病。

8. 打印病（腐皮病）

【病原】 点状产气单胞菌点状亚种。

【症状】 本病症状似人类经常患的口腔溃疡。病变主要发生在背鳍和腹鳍以后的躯干部位，少数发生在鱼体前部。发病部位先是呈现圆形或椭圆形的红斑，像在鱼体上加盖的红色印章，故有"打印病"之称。随后病灶表皮腐烂，中间部位鳞片脱落、出血发炎，病灶逐渐扩大，形成锅底状红色小洞，严重时肌肉腐烂，露出骨骼或内脏。

【危害及流行情况】 本病主要危害鲢鱼、鳙鱼，从夏花鱼种到亲鱼都有发生。无明显流行季节，一年四季均可出现，以夏秋季危害较重。本病病程长，病鱼虽不立即死亡，但影响生长发育。

【防治方法】 ①保持水质清洁，经常加注新水，尽量不使鱼体受伤，可减少本病的发生。②防治方法同淡水鱼细菌性败血症。

9. 竖鳞病

【病原】 水型点状假单胞菌。

【症状】 病鱼体表粗糙，部分或全身鳞片竖起像松球状，鳞片基部水肿，呈半透明的小囊状，内部积聚半透明的液体，稍加压迫液体便喷射出来，鳞片也随之脱落。有时伴有皮肤出血、眼球突出、腹部膨胀等症状。之后病鱼逐渐呼吸困难，身体倒转，腹部向上，2~3天后死亡。解剖鱼体，体腔内有渗出液体，腹膜、肾脏、肝脏出血。

【危害及流行情况】 本病主要危害鲤鱼、鲫鱼、金鱼等。本病有两个流行期，一为鲤鱼产卵期，二为鲤鱼越冬期。一般以4月下旬至6月上旬为主要流行季节。据报道，亲鱼因本病引起的死亡率达45%，最高达85%。

【防治方法】 ①鱼体受伤是引起本病的主要原因之一，因此在抓捕、搬运、放养等操作过程中，应注意防止鱼体受伤。②其他同淡水鱼细菌性败血症的防治方法。

10. 鲢鱼出血病

【病原】 嗜水气单胞菌。

【症状】 病鱼上下颌、口腔、鳃盖、眼睛、鳍基及鱼体两侧轻度充血，重的严重充血和出血。眼球突出，肛门红肿，腹部膨大，腹腔内有淡黄色或红色液体。鳃、肝脏、胰脏、肾脏贫血，颜色较浅。肠内无食物，有黏液。

【危害及流行情况】 危害鲢鱼、鲫鱼、团头鲂，水温9～36℃（2～11月）均有发生，25℃时发生严重。

【防治方法】 防治方法同淡水鱼细菌性败血症。

11. 水霉病（肤霉病或白毛病）

【病原】 水霉或绵霉菌。

【症状】 病原体从伤口侵入，菌丝一端伸入鱼的肌肉，大部突出于体表，成簇状白毛，肉眼看上去鱼体上似粘有棉絮。

【危害及流行情况】 危害各种淡水鱼。由于菌丝插入肌肉中，鱼负担过重，一段时间后即死亡。一年四季均可发生，以早春和晚秋最严重。

【防治方法】 ①平时拉网操作时勿使鱼体受伤，可杜绝该病发生。②全池均匀泼洒水霉净（20%大蒜素，每立方米水体用0.15～0.25毫升）或其他抗真菌药。

12. 卵甲藻病（打粉病）

【病原】 一种嗜酸卵甲藻。

【症状】 刚开始时鱼身上出现稀疏的小白点，以后逐渐增多，严重时像附着了一层面粉。病鱼游动缓慢、食欲减退，最后因瘦弱而死。

【危害及流行情况】 本病可危害草鱼、鲢鱼、鳙鱼和青鱼，以草鱼最为敏感，可引起大量死亡。本病大都发生于酸性土壤的鱼池内。

【防治方法】 鱼池中经常泼洒生石灰水（每立方米水体用20～30克），防治效果明显。

（二）寄生性鱼病

1. 隐鞭虫病

【病原】 为鳃隐鞭虫和颤动隐鞭虫。前者寄生于鳃，危害大；后者寄生于皮肤，危害较小。

【症状】 隐鞭虫寄生于鳃部，可使鳃丝发红，黏液增多，妨碍呼吸，病鱼停止摄食，在水面或岸边独游，体色发黑。寄生于皮肤则鱼消瘦而死，无其他症状。

【危害及流行情况】 鳃隐鞭虫主要危害草鱼种，颤动隐鞭虫主要危害3厘米以下的小鱼，各种鱼均可感染。隐鞭虫病全国均有发生，7~9月为流行季节，常与口丝虫、车轮虫、小瓜虫等同时侵入鱼体，形成并发症。

【防治方法】 ①发病季节，用硫酸铜5份、硫酸亚铁2份，混合挂袋，可预防本病。②将硫酸铜和硫酸亚铁用水溶化后全池均匀泼洒，每立方米水体用硫酸铜0.5克，硫酸亚铁0.2克。硫酸铜用量要准确，不能过量，否则会引起鱼类中毒死亡。注意容器不能为金属制作，容易与硫酸酮发生化学反应。

2. 口丝虫病

【病原】 漂游口丝虫。

【症状】 丝虫大量寄生于鱼体表时，鱼体发黑，出现暗淡色小斑点。病鱼游泳缓慢，食量减小，皮肤上有一层蓝灰色黏液，故俗称"白云病"。寄生于鳃部时，鳃呈浅红色，部分坏死，呼吸困难，鱼漂浮于水面，严重的有竖鳞现象。

【危害及流行情况】 危害草鱼、鲢鱼、鳙鱼、青鱼、鲤鱼、鲫鱼，特别是鲤鱼。鱼体越小，危害越严重。对成鱼基本无害。全国各地均有发生，一般在冬末至春初流行，适宜水温为12~20℃。

【防治方法】 防治方法参见隐鞭虫病。

3. 车轮虫病

【病原】 车轮虫，目前我国已发现21种。个体小的多寄生于鱼鳃部，危害较大；个体大的多寄生于鱼皮肤，危害较小。

【症状】 车轮虫主要寄生在鱼类鳃、皮肤等处。当大量寄生时，由于它们的附着和来回滑行，刺激鳃丝分泌大量黏液，形成一层黏液层，引起鳃上皮增生，妨碍呼吸。在鱼苗期的幼鱼体色暗淡，失去光泽，食欲不振，甚至停止吃食。鳃的上皮组织坏死、崩解，呼吸困难，衰弱而死。小鱼有"跑马"症状。

【危害及流行情况】 本病对鱼苗、鱼种危害较大，青鱼、草鱼、鲢鱼、鳙鱼、罗非鱼等均易患本病。在面积小、水较浅、放养密度大、水质差的池塘，更易发生。5~8月为流行季节，水温20~28℃是车轮虫繁殖最适宜的温度。

【防治方法】 ①鱼种放养前用生石灰彻底清塘*，有机粪肥要充分发酵后再施用，追肥少量多次，以控制水质，可预防本病的发生。②发病池每立方米水体泼洒硫酸铜 0.5 克和硫酸亚铁 0.2 克，或者全池均匀泼洒车轮指环杀（雷丸槟榔散，每立方米水体用 0.25～0.4 克），治疗效果很好。③杀虫后第三天用解毒 120（硫代硫酸钠，干撒，每立方米水体用 0.75～1 克）或碧水解毒安（10%复合有机酸，每立方米水体用 0.5 毫升）对水体解毒。

4. 黏孢子虫病

【病原】 黏孢子虫。此虫种类很多，我国已发现有 500 多种，但大多数种类由于寄生的数量不多，危害也不大；少数种类则会大量寄生，引起严重的流行病。由于它们寄生的部位不一样，下面我们分别介绍。

【症状】 黏孢子虫引起的鳃病：病鱼鳃上有肉眼可见的灰白色点状或瘤状胞囊，呼吸困难。主要危害鲢鱼、鳙鱼、鲤鱼、鲫鱼的幼鱼，严重影响其发育生长，甚至造成大批死亡。

黏孢子虫引起的肠道病：虫体寄生于病鱼肠内外壁上，形成胞囊，影响生长。南方有一种饼形碘泡虫，寄生于草鱼肠道和其他内脏器官，致使鱼体头大尾小，体黑消瘦，会造成夏花大批死亡，危害严重。近年来，北方也零星出现。

黏孢子虫引起的皮肤病：虫体寄生于鱼体皮肤形成白点状或瘤状胞囊，影响鱼体生长；随着胞囊的增多，鱼日益消瘦而死亡。主要危害鲤鱼、鲫鱼、乌鳢等。

黏孢子虫引起的神经系统病（鲢疯狂病）：由鲢鱼碘泡虫大量侵入鱼体的神经系统和感觉器官而引起，主要危害 30 厘米左右的鲢鱼和鳙鱼。病鱼体瘦，头大尾小，背部弯曲使尾部上翘，病情轻的做波浪式旋转运动，病情重的离群，独自急游打转，常蹿出水面，又钻入水中，如此反复，终至死亡。在江苏、浙江一带较多，无明显的流行季节性，以冬春季常见。

【防治方法】 ①本病治疗困难，用生石灰彻底清塘消毒；实行鱼池混养，更换放养品种，或采用成鱼塘和育苗塘轮换养殖的方法，可预防本病的

---

* 生产实践中，采用生石灰彻底清塘时，每亩用量 50～100 千克，后文均以此为标准。

发生。②鲢鱼、鳙鱼的鳃和体表黏孢子虫病，可用精制敌百虫粉全池均匀泼洒，每立方米水体用 0.6~0.7 克，全池泼洒 2 次。③如果是草鱼等吃食性鱼类，同时内服孢虫净（1％地克珠利溶液，每千克饲料拌入 2 毫升），拌料投喂，连用 3~5 天。

5. 小瓜虫病

【病原】 多子小瓜虫。

【症状】 虫体寄生于鱼体体表、鳍条或鳃上，形成白色小粒状胞囊，故俗称"白点病"。寄生严重时，鱼的体表覆盖一层白色包膜，鳍条腐烂，鱼游动迟缓，漂浮于水面。个别寄生在鱼的眼部，造成瞎眼，引起死亡。

【危害及流行情况】 本病全国流行，危害较大。对寄主无严格选择，各种淡水鱼，从鱼苗到成鱼均可感染，对鱼种危害尤为严重。小瓜虫繁殖的适宜温度为 15~25℃，故本病流行季节为 3~5 月和 10~11 月。

【防治方法】 ①外用白点瓜虫清（百部贯众散，每立方米水体用 0.3~0.4 克），全池均匀泼洒，有很好的治疗效果。②家庭室内饲养观赏鱼患小瓜虫病，可用加热器使水温缓慢升至 30~32℃，持续数日，小瓜虫则自行脱落死亡。

6. 斜管虫病

【病原】 鲤斜管虫。

【症状】 斜管虫寄生于鱼体的皮肤和鳃，致使鱼体分泌大量黏液，形成一层淡蓝色薄膜。鳃丝呈苍白色，鱼呼吸困难。在水温适宜的条件下，2~3 天可大量寄生，布满皮肤、鳃丝和鳍条的缝隙，使鱼大批死亡。

【危害及流行情况】 本病全国流行，一般淡水鱼均可感染，但最敏感而且能够引起严重死亡的是草鱼、鳙鱼、鲫鱼、鲤鱼等的幼鱼。虫体繁殖的适宜水温为 12~18℃，初冬和春季是流行季节。水温 20℃以上时，虫体基本停止繁殖。

【防治方法】 ①用生石灰彻底清塘消毒，鱼种入塘前用食盐水浸泡（每立方米水体用食盐 10 千克）有较好的预防效果。②发病塘全池均匀泼洒硫酸铜（每立方米水体 0.5 克）和硫酸亚铁（每立方米水体 0.2 克）治疗，也可将硫酸铜、硫酸亚铁按 5∶2 的比例装入布袋中，在食场周围挂袋治疗。

7. 指环虫病

【病原】 指环虫。此虫种类较多,我国已发现 300 余种。

【症状】 指环虫用身上的小钩钩住鱼的鳃丝。病鱼极度不安,时而狂游于水中,时而侧游于塘底,鳃组织分泌大量黏液,鳃丝呈灰白色,病鱼呼吸困难。有时鳙鱼苗鳃水肿,鳃盖不能闭合。肉眼可见鳃丝上布满灰白色虫体。

【危害及流行情况】 本病全国流行。春末至夏初为流行季节,最适水温为 23℃,主要危害草鱼、鲢鱼、鳙鱼、鲤鱼、鲫鱼、金鱼等,是鱼苗、鱼种阶段常见的寄生性鳃病。

【防治方法】 ①鱼种放养前,用高锰酸钾药液浸洗 20~30 分钟,每立方米水体放药 20 克(15~20℃)或 10 克(21~30℃)。②发病池塘外用精制敌百虫粉(每立方米水体用药 0.2~0.3 克),或指环净(1%甲苯咪唑,每立方米水体用 0.04~0.05 毫升),或车轮指环杀(雷丸槟榔散,每立方米水体用 0.25~0.4 克),全池均匀泼洒,有很好的治疗效果。

8. 三代虫病

【病原】 三代虫。该虫种类较多。

【症状】 虫体寄生于鱼体体表。病鱼体黑,瘦弱,游动无力。仔细观察,鱼体表有一层灰白色黏液膜,失去原有光泽,并可见虫体。金鱼常伴有蛀鳍现象。

【危害及流行情况】 三代虫在鱼苗和成鱼体表、鳃上都可寄生,对苗种危害更大。主要危害草鱼和金鱼,也可危害鲤鱼、鲢鱼、鳙鱼等。三代虫繁殖的最适温度为 20℃左右,每年春季和初夏繁殖最盛。

【防治方法】 防治方法同指环虫。

9. 复口吸虫病

【病原】 复口吸虫的幼虫——尾蚴和囊蚴。

【生活史】 复口吸虫的成虫寄生在鸥鸟的肠道中,虫卵随鸟粪落入水中发育成毛蚴;毛蚴钻入第一中间宿主(椎实螺)体内发育成胞蚴、尾蚴;尾蚴逸出螺体到水中,遇到鱼后钻入第二中间宿主(鱼)体内,爬入眼球水晶体,1 个月后发育成囊蚴。病鱼被鸥鸟吞食后,在其肠内发育成成虫,完成整个生活史。

【症状】　鱼被尾蚴侵入后，在水中上下不安地游动，或头下尾上在水面旋转，严重的则脑部充血，很快死亡。当尾蚴到达鱼眼的水晶体内发育成囊蚴后，水晶体浑浊，呈乳白色，故本病俗称为"白内障病"。严重时病鱼眼球脱落，又称为"瞎眼病"或"掉眼病"。

【危害及流行情况】　复口吸虫危害多种经济鱼类，全国各地均有发生，以长江流域最为严重，且多发生在靠近湖泊的养鱼场。流行于夏季，8月后多表现为白内障。

【防治方法】　本病不易治疗，生产上多采用切断传播途径的方法来预防：①苗种入塘前，用生石灰彻底清塘，以杀灭尾蚴和椎实螺。②驱赶鸥鸟，不让它们接近鱼塘。

10. 侧殖吸虫病

【病原】　日本侧殖吸虫。

【生活史】　寄生在鱼肠道内的日本侧殖吸虫排出大量受精卵，卵随鱼粪进入水中，发育成毛蚴；毛蚴钻入田螺体内，发育成雷蚴、尾蚴；尾蚴爬出螺体后，在螺触角、水草上爬动，被鱼苗误以为食物吞入体内，发育成成虫，完成生活史。

【症状】　患病鱼苗闭口不食，体色变黑，游动无力，群集于下风处，群众称之为"闭口病"。发病3～5天，鱼即死亡，严重时死亡率可达80%。解剖后，肉眼可见芝麻粒大小的虫体充满肠管。

【危害及流行情况】　主要危害青鱼、鲤鱼、草鱼、鲢鱼、鳙鱼的夏花鱼种，以鱼苗受害最严重，尤其在下塘后2～6天更易受害而死，对鱼种和成鱼不会造成死亡。全国各地都有发现，流行于5～6月。

【防治方法】　①鱼苗下塘前，用生石灰彻底清塘，以杀死尾蚴和田螺。②发病塘全池均匀泼洒硫酸铜和硫酸亚铁，用量参见车轮虫病的治疗方法。

11. 九江头槽绦虫病

【病原】　九江头槽绦虫。

【生活史】　九江头槽绦虫成虫生活于鱼肠管内，成虫排卵；卵随鱼粪进入水中，发育成钩球蚴，被剑水蚤吞食，进入剑水蚤体腔而发育成原尾蚴；鱼吞食剑水蚤后被感染，原尾蚴在鱼肠道内发育成裂头蚴，经20余天发育成为成虫，完成生活史。

【症状】　鱼体消瘦，体黑，不摄食，口张开，严重的则前腹部肿胀。解剖后，见前部肠道有大量乳白色带状虫体。

【危害及流行情况】　九江头槽绦虫可寄生于草鱼、青鱼、鲢鱼、鳙鱼的肠道内，但以小草鱼寄生最普遍，对越冬期草鱼种危害较大，死亡率可达90%。但鱼体长到10厘米后，危害较小。过去主要在南方流行，现北方已有发现。

【防治方法】　①鱼种入塘前，用生石灰彻底清塘，杀灭虫卵和剑水蚤，有很好的预防效果。②对发病鱼塘，外用渔虫必克（1%阿维菌素，每立方米水体用0.03~0.04毫升），全池均匀泼洒1次；对吃食性鱼类，同时内服阿苯达唑粉（每千克饲料拌入2克），拌料投喂，连用3~5天，具有很好的治疗效果。

12. 舌状绦虫病

【病原】　舌状绦虫的裂头蚴。

【生活史】　成虫生活于鸥鸟肠内，其卵随鸟粪落入水中，孵化出钩球蚴；钩球蚴在水中游泳，被镖水蚤吞食，在其体内发育成原尾蚴；鱼吞食水蚤后，原尾蚴在鱼体内发育成裂头蚴；当鸥鸟吞食病鱼，裂头蚴在鸟肠内发育成成虫，完成生活史。

【防治方法】　①用生石灰彻底清塘，可预防本病发生。②制止鸥鸟飞入养殖水域，切断舌状绦虫生活链，可以预防本病的发生。③每50千克鱼用精制敌百虫粉0.025~0.05千克，与豆饼或米糠等饵料0.5千克拌和均匀，做成颗粒状药饵喂鱼，每天1次，连喂6天，有较好的治疗效果。

13. 鲤嗜子宫线虫病

【病原】　鲤嗜子宫线虫。

【症状】　主要寄生在鱼的鳞片下和鳍条上，可使鳞片竖起。寄生部位充血、发炎，掀开鳞片，可见血红色线状虫体，故本病俗称"红线虫病"。

【危害及流行情况】　主要危害2龄以上的鲤鱼，全国各地均有发生。冬季虫小，不大活动，埋于鳞片下不易被发现，春季虫体加速生长而日趋明显。6月以后，虫体离开鱼体死亡。本病往往只感染部分鱼，很少演变成流行病。

第七章 鱼病防治

【防治方法】 ①对发生过本病的鱼池,再次放养前,一定要用生石灰彻底清塘。②病鱼可用1%高锰酸钾溶液涂搽患处,或用2%食盐水洗浴10~20分钟。③其他同九江头槽绦虫病的防治方法。

14. 棘头虫病

【病原】 棘头虫,有鲤长棘吻虫、乌苏里似棘头吻虫等。

【症状】 鱼体消瘦发黑,靠池边缓游。解剖后,发现鱼肠管前部有白色虫体,肠组织坏死,有时伴有肠穿孔。大量寄生时,虫体充满整个肠道,引起鱼体死亡。

【危害及流行情况】 流行不受季节限制,主要危害3厘米左右的草鱼、鲤鱼鱼种。

【防治方法】 ①用生石灰彻底清塘,杀灭中间寄主甲壳类和昆虫,可预防本病。②用精制敌百虫粉全池均匀泼洒,每立方米水体用药0.5克,可预防本病。③一旦发病,用精制敌百虫粉全池均匀泼洒,每立方米水体用0.7克,有较好的治疗效果。

15. 钩介幼虫病

【病原】 钩介幼虫,是软体动物河蚌的幼虫。

【症状】 钩介幼虫主要寄生于鱼的鳃丝、鳍条、口腔、鼻孔等处。寄生部位常因受到刺激而引起组织增生,并逐渐将虫体包住,形成胞囊,肉眼看上去似米色小点。

【危害及流行情况】 对成鱼基本无害,对鱼苗种危害较大,可导致鱼苗、夏花大量死亡。在湖滨地区,每年育苗期间大量发生。各种淡水鱼都可受其危害,草鱼和青鱼更为严重。

【防治方法】 ①选择无河蚌的池塘放养鱼苗,可杜绝本病发生;或鱼苗入塘前,用生石灰彻底清塘,以杀灭河蚌。②发病初期,用各种方式清除塘中河蚌,可在很大程度上减轻病情。

16. 中华鳋病

【病原】 中华鳋。我国已发现3种:鲢中华鳋,寄生于鲢鱼和鳙鱼的鳃丝、鳃耙上,主要危害1龄以上的大鱼;鲤中华鳋,主要寄生于鲤鱼和鲫鱼鳃丝末端内侧;大中华鳋,仅寄生于草鱼和青鱼的鳃上,不感染鲢鱼和鳙鱼。

【症状】　虫体呈圆柱状，乳白色，肉眼可见。大量寄生于鱼鳃上时，鱼多表现不安。鳃丝末端肿大、发白，虫体像白色蛆样挂在鳃丝边缘，故俗称本病为"鳃蛆病"。

【危害及流行情况】　流行很广，全国各地都有发现。虫体最适生长水温是20～25℃。

【防治方法】　①用生石灰彻底清塘，杀死虫卵和幼虫。②发病季节，在鱼类活动区，用硫酸铜和硫酸亚铁挂袋，两者的比例为5∶2，或全池均匀泼洒这两种药物，硫酸铜每立方米水体用0.5克，硫酸亚铁每立方米水体用0.2克。③全池均匀泼洒精制敌百虫粉，每立方米水体用药0.5克；或用精制敌百虫粉与硫酸亚铁同时泼洒，前者每立方米水体用0.3克，后者每立方米水体用0.2克，治疗效果显著。④外用暴血停（40%辛硫磷溶液，每立方米水体用0.025～0.03毫升），全池均匀泼洒，每天1次，连用2天。⑤经常使用碧水解毒安（10%复合有机酸，每立方米水体用0.5毫升）调水改良底质。

17. 锚头鳋病（针虫病、蓑衣虫病）

【病原】　锚头鳋，有多态锚头鳋、鲤锚头鳋和鲩锚头鳋。

【症状】　锚头鳋危害鱼类时，以头、胸深深插入鱼的肌肉中或鳞片下，其余部分则裸露在外面1厘米左右，形状似针，又称本病为"针虫病"。症状很明显，被寄生部位红肿发炎。

【危害及流行情况】　全国流行，南方更为严重。锚头鳋危害多种鱼类，对鲢鱼、鳙鱼鱼种危害最大，有时会造成大量死亡。成鱼也能感染，但一般不会死亡。锚头鳋在水温12～33℃时均可繁殖，故流行季节长。

【防治方法】　①在水温20～25℃的情况下，全池泼洒精制敌百虫粉，每次每立方米水体用0.3～0.5克。间隔2周，再泼1次，连泼2～3次，既可预防，又可治疗。②用高锰酸钾药液浸洗病鱼。水温20℃时，每立方米水体放药20克，浸洗20分钟；水温20℃以下时，浸洗1小时。③外用暴血停（40%辛硫磷溶液，每立方米水体用0.025～0.03毫升），全池均匀泼洒，每天1次，连用2天。④经常使用碧水解毒安（10%复合有机酸，每立方米水体用0.5毫升）调水，用碧优清（50%过硫酸氢钾复合盐，每立方米水体用0.6～1克）或同类型的产品改良底质。

18. 鱼鲺病

【病原】 鱼鲺。常见种类有：日本鲺，寄生在草鱼、青鱼、鲢鱼、鲤鱼、鲫鱼的体表或鳃上；喻氏鲺，寄生在草鱼、鲢鱼、鳙鱼体表；椭圆尾鲺，寄生在草鱼和鲤鱼体表。鱼鲺体扁圆，像个大臭虫，在鱼身上四处爬动。

【症状】 鱼鲺在鱼体上爬动，其腹部有许多倒刺，能刺伤鱼体。口刺能刺破鱼皮肤，吸取营养。受害鱼极度不安，严重影响食欲，伤口易受病菌感染。

【危害及流行情况】 成鱼和鱼种均可被寄生，可使鱼种死亡。我国南北各地均有发现，以南方较多，一年四季均可发病，6～8月流行最严重。

【防治方法】 ①鱼种入塘前，用生石灰彻底清塘。②发病鱼池用精制敌百虫粉全池均匀泼洒，每立方米水体用 0.3～0.5 克，具有较好的效果。

（三）其他类疾病

1. 气泡病

【病因】 水中某种气体过饱和，形成很多小气泡，被鱼苗当作食物吞入体内，或通过鳃、皮肤渗入鱼体内而引起。通常有 3 种情况会发生气泡病：①塘中施未经发酵的粪肥过多，生肥在塘底发酵形成甲烷等气泡被鱼苗吞入体内；②晴天下午，水中浮游植物多，光合作用强，水中氧气过饱和；③水温上升，使某种气体达到过饱和。以上情况中，以第 2 种情况最为常见。

【症状】 发病鱼浮于水面，头下尾上，难于下潜。仔细观察，鱼苗肠内有气泡，体表鳍条上也附有气泡。

【危害及流行情况】 春末至夏初多发此病，主要危害鱼苗和夏花，可引起大批死鱼。成鱼很少发生。

【防治方法】 ①池中不施未经发酵的有机粪肥，特别是苗种池。保持水质清新，晴天中午肥水塘应适当遮阴。②发现气泡病，立即向池中注入新水，可抑制病情发展。

2. 感冒

【病因】 鱼体进入新水域不适而引起，主要原因是温差过大。若把鱼从一池移入另一池时，两池水温相差太多（鱼苗超过 3℃，鱼种超过 5℃），鱼可能会患感冒。

【症状】　鱼苗、鱼种行动失调，漂浮于水面，失去游泳能力，严重的会引起死亡。

【防治方法】　鱼苗、鱼种进入新水域时，要事先测量水温，调节水质，避免温差过大。

3. 萎瘪病

【病因】　养鱼密度大，且饵料不足，鱼体长期处于饥饿状态。

【症状】　鱼体干瘪消瘦，头大身小，背部如切刀刃，体色发黑，鳃丝苍白，久之即死。

【危害及流行情况】　多发生在长期供料不足的苗种池，严重影响生长，能引起池鱼死亡。

【防治方法】　加强管理，降低养鱼密度，增加饵料投喂。

4. 跑马病

【病因】　鱼苗下塘后吃不到食物，因饥饿所致。

【症状】　鱼围绕塘边集群狂游，长时间不停，似"跑马"样，结果因体力消耗过大而死亡。

【危害及流行情况】　主要危害体长 18～28 毫米的草鱼苗和青鱼苗，可导致其死亡。

【防治方法】　①做到肥水下塘。②鱼苗下塘后及时投喂。③发病塘用芦席等隔断"跑马"路线，并及时投喂适口饵料。

5. 弯体病

【病因】　其发病原因不详，现有几种说法：一是由于水中重金属盐类过多造成；二是由于钙、磷比例失调所致；三是鱼的神经、骨骼系统受寄生虫侵袭而引起。

【症状】　病鱼身体弯曲，形似"S"状，似人的"罗锅"（图 7-2），有的有 2～3 个弯曲甚至更多，笔者曾捕到一尾泥鳅，身上有 6～8 个弯弧，似麻花状（图 7-3）。有的只有尾部弯曲，有的表现鳃盖凹陷和上下颌畸形。

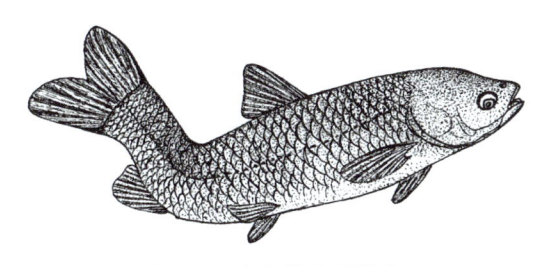

图 7-2　患弯体病的草鱼

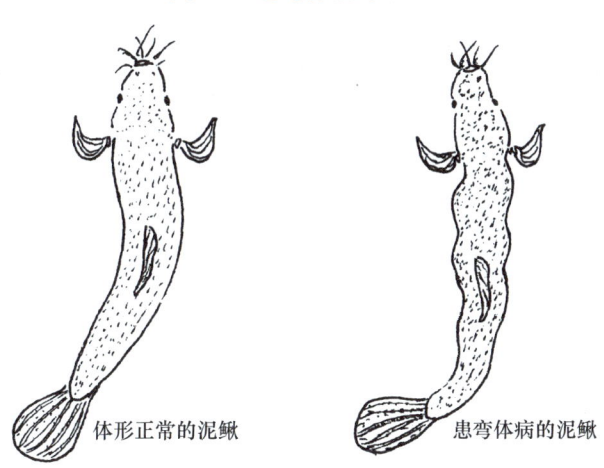

图 7-3　体形正常的泥鳅与患弯体病的泥鳅

【危害及流行情况】　本病全国各地均有发生，主要发生在夏花鱼种阶段。新建鱼塘易发生本病，严重时会引起大批死亡。发病期多在春末至夏初鱼苗刚下塘不久时。

【防治方法】　①新建的鱼池，前两年应先饲养成鱼，以后再养鱼苗和鱼种。②加强饵料管理，多喂含钙、磷及营养丰富的饵料。③在 5 升豆浆中加 0.5 千克生石灰泼入池中，效果较好。

6. 肝胆综合征

【病因】　人为投喂量过大，饲料中的蛋白质、脂肪等含量过高，或饲料中的蛋白质、脂肪质量存在问题等为主要诱因；有时也与不当的药物使用或毒物中毒等原因有关。

【症状】　病情较轻时，鱼体一般没有明显的症状，鱼体色、体形等无明显改变，仅食欲缺乏，游动无力，有时焦躁不安，甚至蹿出水面，生长缓慢，饵料利用率和抗病力降低，死亡率不高；病情严重时，鱼体色发黑，色泽晦暗，鱼体有浮肿感，鳞片松动易脱落，游动不规则，失去平衡或静止于水中，食欲下降，反应呆滞，呼吸困难，甚至昏迷翻转，不久便死亡。解剖发现肝脏颜色发生变化，呈花斑状、土黄色和黄褐色等，胆囊变大且胆汁变黑。此外，鱼体抗应激能力很差，当捕捞或运输时，常会引起鱼体全身充血或出血，出水后很快发生死亡，或在运输途中死亡。

【危害及流行情况】 主要发生在放养密度高、投喂量大、鱼类生长快的精养池塘或集约化养殖场。

【防治方法】 诱发鱼类脂肪肝的因素很多，包括养殖密度过大、水体环境恶化，饲料氧化、腐败、发霉、变质，饲料中营养物质组配不平衡，抗脂肪肝因子缺乏，过量或长期使用抗生素和化学合成药以及杀虫剂等。鱼类肝脏的病理变化往往是由各种致病因子（体内或体外）而引起的表象变化，要想真正根除这些表象变化要细致地分析其本质疾病或外界因素，从而达到治本又治表的彻底治疗。

①内服肝胆利康散（每千克鱼体重用药 100 毫克）＋胆汁酸Ⅳ型（30％胆汁酸，每千克饲料拌入 3 克）＋免疫多糖（10％低聚壳聚糖，每千克饲料拌入 3 克），拌料投喂，每天 2 次，连用 5 天。②或者内服三黄散（每千克鱼体重用药 0.5 克）＋胆汁酸Ⅳ型（30％胆汁酸，每千克饲料拌入 3 克）＋渔用多维（1％复合维生素，每千克饲料拌入 3 克），每天 2 次，连用 5 天。③如有细菌性并发症，可在饲料中适当搭配狄诺康（10％恩诺沙星，每千克鱼体重用药 100～200 毫克）或滨阳富康（10％氟苯尼考粉，每千克鱼体重用药 100～150 毫克）等。

7. 敌害生物伤害

敌害生物伤害鱼类或以鱼为食，在生产上也应注意防治。如水蜈蚣、水虿（蜻蜓幼虫）、红娘华、水斧虫、松藻虫、蝌蚪等，常以鱼苗为食；水鸟、水蛇也常吃鱼种。

【防治方法】 ①用生石灰彻底清塘。②注水时用密眼网过滤。③及时捞取蛙卵，驱赶水鸟。④水生昆虫较多时，向池塘泼洒精制敌百虫粉，用量参见鱼鲺病的防治方法。

参考文献

［1］刘建康，何碧梧. 中国淡水鱼类养殖学［M］. 北京：科学出版社，1992.

［2］张扬宗，谭玉钧，欧阳海. 中国池塘养鱼学［M］. 北京：科学出版社，1989.

［3］孟庆闻，苏锦祥，缪学祖. 鱼类分类学［M］. 北京：中国农业出版社，1995.

［4］昊仁义. 特种淡水水产养殖学［M］. 北京：中国农业大学出版社，1996.

［5］张从义，龚珞军，李圣华. 无公害名特优鱼类高效养殖技术［M］. 北京：海洋出版社，2006.

［6］CCTV《致富经》栏目. 专家指点淡水养殖［M］. 上海：上海科学技术文献出版社，2007.

［7］王雪鹏，丁雪. 鱼病快速诊断与防治技术［M］. 北京：机械工业出版社，2018.